暢銷食譜作者
王安琪 著

零基礎烘焙 的
第一堂課

| 鮮奶油 | 奶油 |
| 雞蛋 | 乳酪 |
基本技法與糕點

打發，
基礎 的 基礎
新手操作影音重點提醒版

◆ 烘焙領域六大打發基本功，新手一定要熟練，
　附加影片，一次說清最易失敗的打發小細節

朱雀文化

讓你的烘焙之路有個好開始！

隨著時代進步，愛好烘焙糕點的人越來越多。比起當年的我，每回總要特地跑一趟書局、圖書館東翻西找，去尋覓傳說中的點心祕方回家練功，現代人只要打開手機、筆電，就有一長串配方可以參考，真的太幸福了。

只不過看著螢幕上的達人操作，但自己在練習時難免有疏忽之處，每當想記下筆記、重點和缺失，才發現自己寫得並不完整。於是，這一本書誕生了！所有想要進入烘焙領域的新手們，你們不必辛苦記筆記，擔心寫得不夠清楚了。這本書細心收錄了烘焙的基礎課程「打發的技巧」，包括全蛋、蛋白、蛋黃、奶油、鮮奶油和乳酪的打發，同時也告訴你如何製作基礎甜點醬汁，並加以延伸運用。只要掌握打發的技巧，確實學好，你真的可以征服無數款流行與經典的甜點，包括書中列出的：糖瓷馬卡龍、馬林糖、瑪德蓮、海綿蛋糕和乳酪蛋糕等等。

說到「打發」，應該是多數人在一開始進入烘焙世界時無法完全體會的，即使了解了也不見得每次都可以掌控自如。為了讓大家能更扎實的學習，我特別用詳細的圖文解說，依照使用工具的不同，清楚告訴大家如何掌握打發的狀態，並在這次改版的《打發，基礎的基礎　新手操作影音重點提醒版》中，增加了解說影片。建議新手們在操作前，先以手機掃描 QR code 觀看影片內容，一邊對照書籍，相信更能事半功倍學會各種打發技巧。

感謝所有工作夥伴，一路走來，大家都已經是多年老友，我非常珍惜此段得來不易的友情。謝謝所有願意購買此書的讀者，你們的鼓勵是我們持續的動力。這次拍攝也謝謝特家股份有限公司提供 KitchenAid 多功能攪拌機（桌上型電動攪拌器）、手持式打蛋機（手提式電動攪拌器）和 joseph joseph 好收納多功能打蛋勺（手拿攪拌棒），讓這次拍攝更順利。最後，未來只有期許自己更精進更努力，也祝福新手們透過這本書練好基本功，所有同好們在烘焙的世界裡過得開心！

王安琪
2022 秋天

實際操作之前的8個注意事項

　　本書是專為烘焙新手，或是想更了解打發狀態的讀者設計的「烘焙小學堂」課程。準備好翻開書操作之前，建議先閱讀以下幾個注意事項，讓大家能更快進入本書的技巧和實作內容。

1 書中分成「打發鮮奶油」、「打發奶油」、「打發蛋白」、「打發蛋黃」、「打發全蛋」和「打發乳酪」六個單元，可以隨意挑選自己想先學的單元，不一定要按照書中的排列順序操作。

2 每一個打發單元都盡量以「手拿攪拌棒」、「手提式電動攪拌器」和「桌上型電動攪拌器」三種工具做基本技巧的操作解說。但其中像「打發全蛋」因為比較費時，一般狀況下比較不會使用手拿攪拌棒操作，所以此處並沒有針對手動方式介紹。

3 每一個打發單元練習材料的份量僅以少量操作，大家也可以運用當個單元中「醬汁或糕點範例」的材料練習。

4 本書中使用的打發工具是以KitchenAid多功能攪拌機（手提式電動攪拌器）、手持式打蛋機（手拿攪拌棒）和joseph joseph好收納多功能打蛋勺（桌上型電動攪拌器）為範例，大家可以自由選擇順手、現有的工具，不一定要和書中相同。

5 書中每一個打發單元都是以「基本技法」→「醬汁＆糕點範例」的順序進行，目的是讓大家先學會基本技法再實際操作，現學現用！

6 為了拍照呈現美觀，書中多數以玻璃盆操作，如果你也使用玻璃盆，需注意使用安全，並且避免以玻璃盆加熱。

7 本書所選的「醬汁＆糕點範例」雖是針對烘焙新手設計的實作品項，但都是經典款且配方可口度毫不遜色，有經驗者或嗜吃甜點的人更別錯過了！

8 本書在六個打發單元的「開始打發囉！」標題旁，都有搭配影片說明，只要以手機掃描QR code便可觀看影片。但其中「打發蛋白」單元的三個QR code，則分別放在三種蛋白霜標題旁。

目錄 Contents

同場加映

工具篇

打發的必備 & 輔助工具

Basic Utensils

打發的必備工具包含了各式攪拌器，可依個人習慣以及目的選擇最適合自己的使用。此外，視需求準備測量、模型、裝飾等小工具，可以讓你的打發技巧、糕點製作更成功。

Basic Utensils

必備
工具

Whisk Kitchen
Utensils & Mixer

 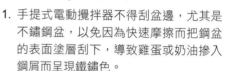
　　打發奶油、雞蛋或鮮奶油，最常用的攪拌器是手拿攪拌棒（球形網狀），也就是俗稱的「打蛋器」，外形如球體的形狀，英文叫「Balloon Whisk」。攪拌器通常分為手動（手拿）、機器（手提式、桌上型以及專業店家用的落地式）兩大類。使用攪拌器可以順利的將空氣打入食材中，讓奶油或雞蛋膨脹、鬆軟，使食材的分子結構與空氣結合，並且在烘焙過程中製造出蒸氣，讓成品膨鬆、膨脹。

I 手動類攪拌器

　　手拿攪拌棒除了尺寸、材質上的差別，形狀也不同，例如最常使用的「球形網狀」，以及較少見的「螺旋形網狀」和「湯匙形網狀」攪拌棒。一般而言，與材料接觸的攪拌頭的網子數量越密，越容易將蛋打發，因此在網路上曾有人示範在普通攪拌棒（打蛋器）的頭裝上數根迴紋針，與沒有加裝迴紋針的攪拌棒做實驗，結果發現有加裝迴紋針的攪拌棒能在更短的時間內將蛋輕鬆打發。話雖如此，本書卻不建議讀者使用這種方式，畢竟網路上進行的只是實驗，正確的做法應該是購買一支最適合的攪拌工具，讓打發更正確且有效。

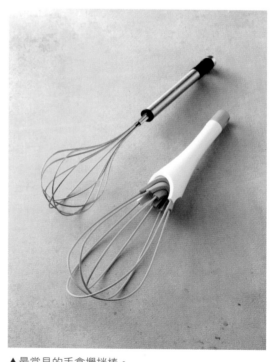

▲最常見的手拿攪拌棒。

除了打蛋和鮮奶油，製作烘焙產品也會需要打發奶油。相較於雞蛋和鮮奶油，固態奶油的質地較硬，需要更堅固的攪拌器操作，也就是鋼材比較厚實的款式，所以建議讀者使用電動攪拌器。但是，這也有例外。當你製作磅蛋糕、馬芬蛋糕和奶油餅乾時，也可以使用木匙代替攪拌器，因為木匙的質地堅硬，可以輕易將奶油打軟，讓空氣順利拌入奶油中融合。

▲木匙也很實用。

▲螺旋形網狀攪拌棒。

手拿攪拌棒是烘焙的基礎，也是廚房必備的工具。選購時必須確定鋼條穩固、厚實，握在手中的手感要有點重量，因此太輕、表面包覆的材質有會脫落之慮，或是不耐熱的比較不推薦。

Ⅱ 電動類攪拌器

❶ 手提式電動攪拌器

手提式電動攪拌器鋼條的重量比起手拿攪拌棒更厚實，但鋼條數目卻沒有更多，主要是因為電動的轉速遠遠超過手動的速度，直接利用高轉速將空氣打入材料中，進而達到省時省力的目的。

這類攪拌器的款式分成單獨手提式、附固定座的兩用式。由於廠商因應市場環境的變化，時而推出新款，因此市面上的機種類型繁多。選擇時首要考慮維修是否便利、鋼條是否堅固耐用，以及握把是否好握且容易操作。

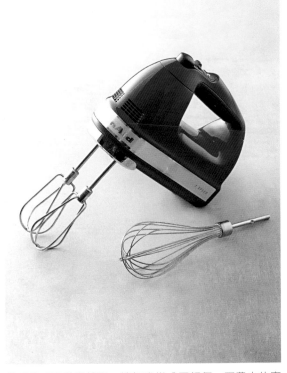
❶手提式電動攪拌器：讓打發變成更輕便、不費力的實用工具。

❷ 桌上型電動攪拌器

進入烘焙領域且深深著迷之後，立刻會想加購一台漂亮實用的桌上型電動攪拌器，這可說是進入專業烘焙領域的必備工具之一。基本的桌上型電動攪拌器附有網狀（球狀）攪拌頭、槳狀攪拌頭和鉤狀攪拌頭。網狀用來攪拌蛋、鮮奶油，槳狀用來攪拌奶油，鉤狀則是用來攪拌麵包麵團，各有不同功用。

這類攪拌器分成台製和進口的機種款式，進口款式價格高於國產品，外型經過設計，除了實用功能，放在廚房更兼具視覺效果，大大美化了機器的功能性。但話說回來，不論是進口或本國產，購買前都要注意維修服務、保固期限，以保障自身的權益。

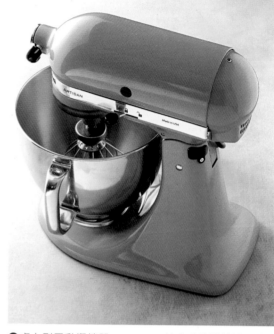

❷ 桌上型電動攪拌器：KitchenAid的多功能攪拌機，除了烘焙的基本用途，還可製作其他多種料理。

❷ 桌上型電動攪拌器：上方是網狀（球形）攪拌頭，下方是槳狀攪拌頭。

Ⅲ 湯鍋

打發的過程中，有時候需要隔水加熱，有時候需要隔水降溫，因此需要準備湯鍋。隔水加熱的湯鍋口徑不要大過攪拌盆底部的面積，才可以讓攪拌盆穩穩架在湯鍋上，僅以熱蒸氣間接加熱；相反的，隔水降溫的湯鍋口徑就一定要大過攪拌盆底部的面積，才能直接接觸冰涼的溫度達到快速降溫的目的。

▲常見的材質是不鏽鋼、塑膠和玻璃。

輔助工具
Other Utensils

Ⅰ 模型類

❶ 芭芭露亞模

這類模型適合用來裝填芭芭露亞、奶酪、布丁，在填入之前於模型內薄塗一層沙拉油，有助於順利脫模。

❷ 空心慕斯模

分成各種尺寸、形狀，用來製作慕斯蛋糕。慕斯模雖是空心，但仍然有容量大小之分，在製作前，先了解模型的容量，可以更準確掌握所需製作的慕斯份量。

❸ 蛋糕模

活動蛋糕模分成海綿和戚風蛋糕模，購買時也可以加購不同的底模，這樣同個模型就有兩個不同功能。白鐵材質很耐用，只要正確使用並清潔，可以用很久。

❹ 玻璃杯

很適合用來填裝果凍類點心，以及冰涼的甜點，例如：冰淇淋、冰砂。選擇玻璃容器時，先測量容量，方便知道正確的材料量。此外，也要選擇材質較厚的，以防容易脆裂。

❶芭芭露亞模：製作果凍、布丁、芭芭露亞可用。矽膠製品則有利於脫模。

❷空心慕斯模：除了用來做慕斯，切壓蛋糕片、麵皮也能派上用場。

❸蛋糕模：活動式模型有利於脫模。

❹玻璃杯：各種形狀的杯子可以拿來做慕斯杯。

11

II 裝飾類

❶ 奶油抹刀

打發鮮奶油除了當作餡料和擠花之外，也可以用來塗抹蛋糕表面，因此準備一支奶油抹刀非常重要。同時，奶油抹刀也可以當作抹平麵糊表面的工具，當製作蛋糕捲、千層蛋糕等時，就非常需要抹刀。除了抹刀，也可搭配刮板使用。

❶奶油抹刀：市面上常見的商品有直柄與彎型抹刀，各有功用。

❷ 擠花袋和花嘴

適用於鮮奶油及蛋白麵糊。打發蛋白的產品因蛋白的韌性堅強、不易變形，所以麵糊適合用擠花袋塑形。當你可以順利打發蛋白或鮮奶油，恭喜你，可以準備花嘴和擠花袋，試試將麵糊製成各種造型。擠花袋每次用完要清洗乾淨，可重複使用的擠花袋清洗之後必須打開，站立著讓水分晾乾，或是以夾子夾起晾乾。花嘴則因口徑小、難清理，建議使用小支瓶口刷來清潔。

❷擠花袋和花嘴：下方是拋棄式擠花袋，用完即可丟棄，很方便。

❸ 蛋糕轉台

這是專門用來塗抹花式蛋糕表面的專業轉盤。選購時務必挑選有重量且穩固、有高度的傳統款式，因為轉盤重才會牢牢穩固，讓花式擠花可以順著轉盤的旋轉做造型。蛋糕轉台與放置蛋糕的高腳盤不同，高腳盤屬於裝飾用盤子，多以花色、材質取勝，通常會附贈透明餐蓋。

❸蛋糕轉台：不鏽鋼製轉台非常堅固，是擠花、抹面和蛋糕裝飾的好幫手。

❶量杯和量匙：有尖口的量杯，方便倒入液體。

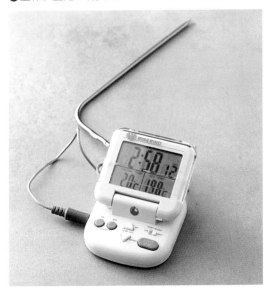

❷溫度計：使用度很高的器具，電子式溫度計方便閱讀，探針用畢要擦拭。

❸橡皮刮刀：顏色選擇多。可準備大小各一支，依食材份量選用。

III 測量和其他類

❶ 量杯和量匙

　　量杯和量匙是新手必備的測量工具，尤其是量匙，用於測量小份量的食材，例如：香精料、泡打粉、小蘇打粉或酒精。材質上，購買耐熱的量杯較方便，因為有時材料必須隔水加熱，而耐熱材質可以在測量後直接加熱使用，不用更換容器。

❷ 溫度計

　　製作點心時，有時會要求測量食材的溫度，例如：義式蛋白霜的糖漿、全蛋式海綿蛋糕蛋液，此外，製作糖果、麵包麵團時也都要使用溫度計。因此，準備一支專業溫度計，建議選擇電子式、可預約定溫的為佳，可以讓你的烘焙產品更容易成功，絕對值得投資。

❸ 橡皮刮刀

　　當雞蛋或奶油打發完成後，接著就是拌入乾性材料，此時為了避免好不容易打起來的氣泡消失，要改用橡皮刮刀進行「刀切狀」攪拌法，這樣可以將沉澱在盆底的材料刮起，讓材料均勻融合。此外，也可以將鋼盆內壁黏附的材料輕鬆刮下。

技法
和
實作篇

打發的基本技巧＆糕點範例

Skills and Desserts

為了讓烘焙新手扎實的從基礎學起，這一個單元列出最基本的打發技巧，包含：打發鮮奶油、打發奶油、打發蛋白、打發蛋黃、打發全蛋和打發乳酪，以極詳細的步驟圖說明技法。新手們學會了這些基本技法，立刻實際運用在書中糕點製作上，現學現實作，大大提升你的烘焙功力。

Ⅰ 認識鮮奶油

鮮奶油是從乳汁中提煉出來的液態油脂。一般市面上販售的鮮奶油,所含的乳脂肪大約 35%～38%。百分比代表脂肪多寡,這是奶香是否濃郁的指標。

鮮奶油分成動物性鮮奶油和植物性鮮奶油。動物性鮮奶油簡稱 UHT,代表採用高溫瞬間滅菌的工法;植物性鮮奶油是氫化棕櫚油合成,屬於人造鮮奶油,含有較多的添加物,並且已經摻有甜味,所以不是天然乳製品。

動物性鮮奶油香氣足、化口性佳，最適合拿來烘焙點心，例如本書中介紹的慕斯、餡料等等，甚至還可以加熱做成料理，例如：濃湯。而植物性鮮奶油在打發後穩定性佳，適合做蛋糕裝飾，但記得絕對不能加熱使用。

在包裝上，鮮奶油會註明「Ready to Whip」 或是「Whipping Cream」，這些標示代表「打發」或是「適合打發」，容易讓人混淆。建議讀者購買時一定要仔細確認成分，或是看看包裝上的成分標示，如果成分只註明「鮮奶油、鹿角菜膠」，代表這是「動物性」

▲市面上販售的動物性鮮奶油，大約含35%～38%的乳脂肪。

鮮奶油；相反的，如果成分標示冗長，除了氫化油脂之外，還有香料、水、增稠劑等等，就是「植物性」鮮奶油。另外，還有更簡單的辨識法：植物性鮮奶油瓶身沒有百分比（％）的數字，而動物性鮮奶油則清楚標明了乳脂百分比。

許多人常有疑惑：「鮮奶油一定要乳脂肪成分越高才代表越好嗎？」其實不一定。這與鮮奶油的乳汁來源、製作的點心種類都相關。每個人喜歡的口感、習慣不同，選擇順手、價位合理的產品，比起追求乳脂肪百分比的迷思來得重要。當然，針對烘焙新手們來說，建議先選擇一般等級的鮮奶油來製作，當作是練習的基本款，待日後駕輕就熟，自然而然會開始注重產品原料的等級。

植物性鮮奶油是以氫化油脂製成，因此保存期限很長，即使打開後沒有一次用完，只要包裝盒切口保持潔淨，並且以保鮮膜緊覆，都可以保存超過一個月。而動物性鮮奶油是天然食物的副產品，因此打開後建議在一個星期內用完，不可拖太久，以免因為空氣接觸導致變質腐敗而形成浪費。

Ⅱ 打發前的準備

🍶 調降室溫

鮮奶油的最佳打發溫度是 4℃～ 6℃。由於亞熱帶的台灣大部分時候氣溫偏暖和，建議在有冷氣空調的環境中操作，比較適合打發鮮奶油。

🍶 隔冰水降溫

在鮮奶油盆的底下再墊一盆冰塊水。

🍶 將攪拌盆與鮮奶油冰鎮

將攪拌盆先放置冰箱冷藏一陣子，再取出操作。總之，不論動物性或植物性鮮奶油，打發鮮奶油的環境和鮮奶油本身，都應該處於「低溫」狀態。

▲墊冰塊水操作。

III 打發的過程

🍷 6〜7分發

鮮奶油的狀態呈現融化冰淇淋的質感，已經有稠度，但是提起攪拌器卻無法讓鮮奶油成型，只能隱約留下痕跡。鮮奶油在這個階段仍然會流動，只是流動速度很慢，以攪拌器提起奶油霜時，尖端會下垂。這個階段適合用來與其他材料混合，例如：慕斯、芭芭露亞、冰淇淋基底或是內餡。

🍷 8〜9分發

鮮奶油的狀態呈現明顯的濃稠質感，以攪拌器在碗裡畫圈，可以留下明顯的紋路，或者提起攪拌器可以看見明顯的尖勾狀，尖端挺立不會下垂。這個階段適合用來塗抹、夾心，例如：蛋糕捲、黑森林蛋糕的夾餡等等。植物性鮮奶油這個階段則可以用來塗抹、夾心和擠花。

鮮奶油打發後會呈現絲綢般的光澤，但若攪拌過度則會讓表面「花花硬硬的」，也就是失去光澤，代表脂肪球與太多的空氣結合，反而成了硬塊，如果仍強硬擠花，會出現奶油花邊緣不規則斷裂的鋸齒狀。烘焙新手攪拌鮮奶油時不要著急，建議以中速慢慢攪打，並觀察鮮奶油的變化。

▲攪打至呈絲綢般的光澤。　▲過度攪拌變成花花硬硬。

以下 p.19 開始的打發鮮奶油步驟將分成手拿攪拌棒、手提式和桌上型電動攪拌器說明！

同場加映 | Plus |

自製奶油

如果不小心過度打發鮮奶油，先別急著丟掉，繼續以高速攪拌，直到奶水分離的狀態，如此一來反而可以自製奶油。自製奶油的香醇度與鮮奶油本身的乳源息息相關，如果使用高品質的鮮奶油，當然完成的奶油成品也會香濃滑順。完成的奶油與一般奶油無異，可以製作糕點、塗抹吐司或烹調料理。如果你打算在短時間內，比如一個星期內用完自製奶油，不打算保存，那不一定要用酒精消毒工具，只要確保工具和雙手乾燥、乾淨即可。此外，準備的所有器具都要清洗乾淨，以70℃溫度烘乾，再以酒精噴灑過消毒。這樣可以延長奶油的保存期限，並防止黴菌滋生。

〈器具〉

玻璃容器、乾淨棉布、金屬濾網、調理盆、重物、75% 消毒用酒精

〈材料〉攪拌過度的鮮奶油

〈步驟〉

1 將棉布放置在濾網上，濾網架在盆子上，倒入結塊的凝乳。

2 用消毒過的雙手擠乾水分。

3 以重物壓疊的方式擠乾凝乳裡的水分，全程在冷藏的冰箱內進行。

完成的奶油

瀝出的奶汁

4 隔天即可獲得香濃自製奶油。

小叮嚀 | Tips |

1. 壓疊的重量和過濾的時間直接影響奶油的軟硬度，可自由控制時間。

2. 瀝出的奶汁可以飲用、製作點心和料理烹飪。

 開始打發囉！

詳細影片在這裡▼

手拿攪拌棒

〈材料〉

動物性鮮奶油 300 公克、細砂糖 24 克（此處份量以 p.22 鮮奶油香緹為例）

〈步驟〉

手握方式

1 輕鬆握住握把，讓攪拌棒自然靠在手掌中。

2 拇指和食指抓住握把和棒頭的接合點，是槓桿原理中最省力的握點。攪拌頭的體積大、鋼條多，也是省力的重點。

開始攪打

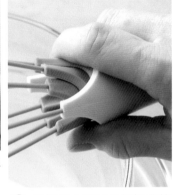

3 鮮奶油、細砂糖放入盆子，盆子稍微傾斜，盆子底下墊一塊濕抹布防止滑動。

4 以擦盆底攪拌的方式順著同一方向攪拌，不需過快，貪快會導致手臂痠麻。以穩定且規律的速度攪拌，轉動盆子的時候，持續順著同一個方向。

19

確認打發狀態

6～7分發

8～9分發

5 攪打至 6～7 分發。即呈融化冰淇淋的質感，已有稠度，但是提起攪拌器時，勾狀和盆中拉起的勾狀尖端都會下垂，鮮奶油無法成型，依然會慢速流動。

6 攪打至 8～9 分發。即呈明顯的濃稠質感，以攪拌器在碗裡畫圈，可以留下不消失的紋路，並且提起攪拌器可看見明顯的尖勾狀，尖端挺立不會下垂。

手提式電動攪拌器

〈材料〉

動物性鮮奶油 300 公克、細砂糖 24 克（此處份量以 p.22 鮮奶油香緹為例）

〈步驟〉

手握方式　　**開始攪打**

1 鮮奶油、細砂糖放入盆子，一手扶著攪拌盆，另一手握住電動攪拌器的握把。

2 讓機身傾斜靠在桌上或是墊高的物體上，比較省力。

3 盆子稍微傾斜，盆子底下墊一塊濕抹布防止滑動。

4 將攪拌頭輕輕碰觸盆底，但是不要過分施加壓力，以低速開始運轉，剛開始鮮奶油會有少許濺出，可準備一條抹布，穿著圍裙。

20

確認打發狀態

6～7分發

5 攪打至 6～7 分發。等 1～2 分鐘之後，攪拌器調成中速，繼續耐心攪拌，攪打至呈融化冰淇淋的質感，已有稠度，但是提起攪拌器卻無法讓鮮奶油成型，只能隱約留下痕跡。

8～9分發

6 攪打至 8～9 分發。攪打至呈明顯濃稠質感，以攪拌器在碗裡畫圈，可以留下明顯的紋路，並且提起攪拌器可看見明顯的尖勾狀，尖端挺立不會下垂。

桌上型電動攪拌器

〈材料〉

動物性鮮奶油 300 公克、細砂糖 24 克
（此處份量以 p.22 鮮奶油香緹為例）

〈步驟〉

開始攪打　　　　　確認打發狀態

1 鮮奶油、細砂糖放入盆子，先以低速攪拌，如果攪打的量很少，攪拌頭接觸鮮奶油的面積減少，會影響打發。這時可在盆子底下墊一塊濕抹布，讓盆子提高，就可以解決攪拌頭打不到鮮奶油的狀況。

6～7分發

2 攪打至 6～7 分發。等 1～2 分鐘之後，攪拌器調成中速，繼續耐心攪拌，攪打至呈融化冰淇淋的質感，已有稠度，盆中的鮮奶油只能隱約留下痕跡。

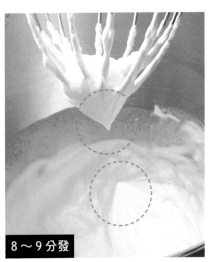

8～9分發

3 攪打至 8～9 分發。攪打至呈明顯濃稠質感，以攪拌器在盆中畫圈，可以留下明顯的紋路，並且提起攪拌器可看見明顯的尖勾狀，尖端挺立不會下垂。

〈步驟〉

① 將所有材料放入攪拌盆。

② 用網狀攪拌器充分攪拌濃稠，至 8 ～ 9 分發即可。

| 多 | 用 | 於 | 甜 | 點 | 和 | 冰 | 淇 | 淋 | 的 | 裝 | 飾 |

鮮奶油香緹
Chantilly Cream

份量：約 320 公克
保存：放在乾淨玻璃容器，蓋上保鮮膜，冷藏約 1 天。

〈材料〉
動物性鮮奶油 300 公克、細砂糖 24 公克、香草精 1/4 小匙

小叮嚀 ｜ Tips ｜

1. 細砂糖的份量可以依照搭配的點心種類做調整，最多不要超過鮮奶油的8%。
2. 也可以改用糖粉來製作，糖粉融化的速度更快。
3. 香草精可以改用蘭姆酒替代，份量相同。
4. 視需要的量製作，不建議長時間保存。

|卡|士|達|醬|＋|鮮|奶|油|香|緹|的|絕|妙|風|味|

鮮奶油卡士達
Crème Diplomate

份量：約 900 公克

保存：放在乾淨玻璃容器，蓋上保鮮膜，冷藏 2 ～ 3 天

〈材料〉

卡士達醬 450 公克（參照 p.76）、鮮奶油香緹 450 公克（參照 p.22 前面）

〈步驟〉

1 冷藏過的卡士達醬取出，放在攪拌盆用刮刀攪拌變軟。

2 加入鮮奶油香緹，用刮刀拌勻即成。

法式杏仁奶凍
Blanc-manager

份量：約 500 毫升
保存：蓋上保鮮膜，約可冷藏 3 天。

〈材料〉
（1）杏仁粉 60 公克、牛奶 300 公克、細砂糖 50
　　　公克、吉利丁片 2.5 公克、杏仁露 1 小匙
（2）動物性鮮奶油 100 公克、細砂糖 8 公克

〈步驟〉

製作杏仁牛奶

1 杏仁粉、牛奶和細砂糖
放入湯鍋內，以中火邊
加熱邊攪拌。

2 加熱直到沸騰，關火。

3 以細目篩網過濾出杏仁
牛奶。

加入吉利丁片、冷藏

4 再加入杏仁露，拌勻。

5 吉利丁片浸泡在 20 公克冷
開水中軟化，軟化後取出
擠掉一些水分。

6 吉利丁片加入溫熱的杏
仁牛奶內拌勻，確認融
化後要隔冰水降溫。

7 將材料（2）先打成接
近 6 分發的發泡鮮奶
油，加入冷卻的杏仁牛
奶，輕柔拌勻。

8 分裝倒入模型杯中，
放入冰箱冷藏至少 2 小
時，或是直到凝固，即
可品嘗。

小叮嚀 │ Tips │

這個配方使用的是含有在來米粉
的杏仁粉，所以質感上比較黏
稠；如果使用純杏仁粉，可以將
杏仁粉的份量增加為**120公克**，
其餘材料、做法不變。

25

草莓慕斯蛋糕
Strawberry Mousse

〈材料〉

（1）6 吋薄片海綿蛋糕 2 片（參照 p.84）

（2）新鮮或冷凍草莓 200 公克、蘭姆酒 35 公克、檸檬汁 20 公克、細砂糖 50 公克

（3）吉利丁片 5 公克、動物性鮮奶油 200 公克、細砂糖 16 公克

〈步驟〉

製作慕斯餡料

1 材料（2）的草莓放入果汁機打碎成泥狀，倒入湯鍋。

2 加入材料（2）的其餘材料，以小火加熱至細砂糖融化且略收汁濃稠；關火，保溫備用。

3 吉利丁片浸泡在冷開水中軟化，軟化後取出擠掉一些水分。

4 將吉利丁片放入草莓餡料中，攪拌融化，再改以隔水降溫法使溫度下降。

隱約留下痕跡的狀態

5 將動物性鮮奶油和細砂糖混合，攪打至 6～7 分發。

6 把降溫後的草莓餡料分次拌入鮮奶油中,拌勻成慕斯餡料。

7 海綿蛋糕放置在工作檯上,用空心慕斯模型,搭配擀麵棍壓出與模型相同的形狀。

厚紙板　鋁箔紙

8 底部墊一片尺寸相當的蛋糕厚紙板,或是模型以鋁箔紙從底部包緊。

9 把餡料緩緩填入模型至八分滿。

10 頂部蓋上另一片蛋糕,同樣搭配擀麵棍壓出與模型相同的形狀,緊密服貼慕斯餡料。

11 整個放入冷凍直到凝結,取出。先以刀子貼著模型內壁,輕輕畫開。

12 小心將模型拿起,完成脫模。

13 將慕斯蛋糕分成六等分。

⑭ 在每一塊蛋糕上擠入鮮奶油（此處為 8 ～ 9 分發）。

⑮ 排上切半的草莓片裝飾，大功告成囉！

同場加映 | **Plus** |

用植物性鮮奶油擠花和抹面

海綿蛋糕、戚風蛋糕都適合以鮮奶油霜做裝飾。這兩款蛋糕的油脂成分低，很容易因為麵粉老化而產生乾巴巴的口感，所以若表面覆蓋鮮奶油，可有效阻止蛋糕體與空氣接觸，維持蛋糕蓬鬆的口感。此外，鮮奶油香氣濃郁、入口即化，可提升蛋糕的品質。

植物性鮮奶油、調和性鮮奶油都是以裝飾為目的而製造的人工植物性鮮奶油。植物性鮮奶油打發後的穩定性佳，在低溫中可以維持擠花不變形，而且保存期限長。植物性鮮奶油隔著冰水攪拌可以迅速打發，打發之後依照需要，加入色膏調色，用來裝飾蛋糕。

〈材料〉

植物性鮮奶油適量、各色色膏適量、戚風蛋糕體 1 個

〈步驟〉

開始攪打

6～7分發

8～9分發

① 將鮮奶油倒入盆子，盆子底下墊一盆冰塊水。

② 攪打至 6 ～ 7 分發。等 1 ～ 2 分鐘之後，攪拌器調成中速，繼續耐心攪拌，攪打至呈融化冰淇淋的質感，已有稠度，但是提起攪拌器卻無法讓鮮奶油成型，只能隱約留下痕跡。

③ 攪打至 8 ～ 9 分發。呈明顯濃稠質感，以攪拌器在碗裡畫圈，可以留下明顯的紋路，並且提起攪拌器可看見明顯的尖勾狀，尖端挺立不會下垂。

29

④ 將蛋糕放在轉台上，切除表面的蛋糕皮，周圍不平整的部分以剪刀修整。如果周圍的蛋糕皮太厚，建議切除，然後將轉台上或是蛋糕上的蛋糕屑清理乾淨。此處是以單層戚風蛋糕為例，所以直接翻轉倒置來使用，省去修整周圍、切除蛋糕皮的動作。

轉動蛋糕轉台，抹刀放著不移動

⑤ 蛋糕頂部中間舀入鮮奶油，鮮奶油的量多一點點沒關係。

⑥ 以奶油抹刀抹開，接著慢速轉動轉台，奶油抹刀放在鮮奶油表面，不移動抹刀，移動轉台，即可以將表面抹平整。

抹蛋糕周邊

⑦ 即使沒有完全平整也沒關係，最後還會修飾一次。多餘的鮮奶油使其自然流下，可以用來塗抹周邊。

⑧ 塗抹周邊之前，頂部流下的鮮奶油塗抹上周邊，形成薄層。

⑨ 將鮮奶油再攪拌 20～30 下，小心不要攪拌過度。然後用抹刀沾取鮮奶油，塗抹在周邊的 4～6 個等距點。

小叮嚀 ｜ Tips ｜

1. 步驟④中，因為蛋糕皮金黃上色的部分鮮奶油較不易附著，且易讓抹刀沾上蛋糕屑，切除這個部分有利於操作。

2. 每次使用後都要將沒用完的鮮奶油擠出，放置在玻璃容器內冷藏保存。植物性鮮奶油可以保存3～4天。

3. 擠花漂亮的祕訣就是多加練習。如果沒有把握，可以先將奶油霜擠在盤子上，等待收放的感覺抓穩了，形狀漂亮了之後，再擠在蛋糕上。

4. 可以在蛋糕表面註記，沿著註記擠花，以免距離不均。

加強周邊、抹平邊緣突出處

⑩ 將奶油抹刀垂直，以「前後前後」的手勢抹開。

⑪ 最後奶油抹刀不動，轉動轉台，以慢速轉動抹平鮮奶油。

⑫ 蛋糕邊緣突出的部分，用奶油抹刀從外向內抹平，每次抹平都需要把抹刀抹淨（使用乾淨的布或廚房紙巾）。

擠花

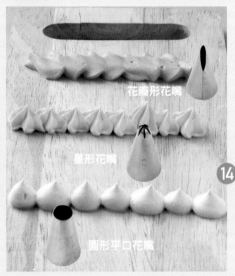

花瓣形花嘴

星形花嘴

圓形平口花嘴

⑬ 蛋糕周圍不平整部分可改用硬刮板，刮刀面向鮮奶油，轉動轉台，刮刀不移動，即可修飾平整。

⑭ 在鮮奶油中加入各色色膏拌勻，放入擠花袋中。此處選用圓形平口花嘴、花瓣形花嘴、星形花嘴。

⑮ 以花瓣形平口花嘴擠花。

⑯ 以星形花嘴擠花。

⑰ 以圓形平口花嘴擠花。

To Cream Butter

打發
奶油
To Cream Butter

I 認識奶油

奶油是烘焙材料中不可或缺的要角之一，它是香氣的來源，提供產品酥鬆的質地、入口即化的口感。根據科學研究，它提供人類熱量的來源以及重要的飽足感，每 1 公克油脂可以提供 9 大卡的熱量，是動物主要的精力來源。新鮮且天然的奶油，包括有鹽奶油（Salted Butter）、無鹽奶油（Unsalted Butter）、發酵奶油（Fermented Butter）和脫水奶油（Hydrated Butter），本書使用的以無鹽奶油為主。

▲無鹽奶油的烘焙效果較佳。

奶油含有 80% 的脂肪、15% 的水分、5% 的牛奶固形物，通常西點師傅習慣使用無鹽奶油，這是因為無鹽奶油不含鹽、香氣足、新鮮且烘焙成品的風味佳、效果好。那是否就不能使用有鹽奶油呢？其實並不是。如果使用有鹽奶油，只需減少配方中的鹽含量即可，減少的多寡要看奶油中的含鹽量百分比來推算。為什麼要這麼麻煩？是因為烘焙配方中的鹽和糖一樣重要，左右了產品的成果。

發酵奶油也有有鹽與無鹽之分。有的發酵奶油上印有「AOC」的標示，與葡萄酒一樣，代表乳源產區的等級。發酵奶油因為在製作過程中加入乳酸菌，因此風味略帶乳酸味，而這種愉悅的芬芳和入口即化的口感，讓大部分西點師傅都視之為「頂級珍品」，因此價格較昂貴。

▲發酵奶油的天然乳酸香氣很誘人！

II 打發前的準備

♟ 切小塊

從冷藏室取出奶油，先切成小塊，增加與空氣的接觸面積，可以加速軟化。也可以在切小塊之後用指關節壓軟，或是以擀麵棍打軟，都可加速軟化的速度。但是當食譜做法中提到「軟化奶油」時，不等於「融化奶油」的意思，千萬不要弄錯了。

▲奶油切成小塊可加速軟化。

▲戴上手套後用指關節壓軟。

▲蓋上保鮮膜後以擀麵棍輕輕打軟。

💡 混入糖粉或砂糖

糖粉因為比重很輕，加入奶油之後不會立刻下沉，經過攪拌器的甩打反而會像煙霧似的飛起，為了避免沾滿一身糖粉和烘焙耗損，建議篩入糖粉後，以刮刀將糖粉用力壓入奶油中混拌，確認沒有看到糖粉之後，再開啟電動攪拌器操作。如果配方中使用的是「砂糖」，因為砂糖的重量可以沉入奶油中，不至於噴飛，就比較沒有這方面的困擾。

▲以刮刀壓入糖粉，再改用電動攪拌器操作。

💡 越細的砂糖混合效果越好

市面上琳瑯滿目的細砂糖產品，風味、價格和來源都不同，選擇符合產品需求的糖非常重要，烘焙新手無需盲目追求頂級砂糖，建議選擇一般等級的細砂糖即可，通常包裝袋上寫「精製細砂」。另外，細砂糖很容易受潮，不可以放在冰箱，要放置在通風乾燥處，以免影響打發的效果，或是在糖罐中放一包乾燥劑更好。

▲糖粉使用前需過篩。

Ⅲ 打發的過程

在「拌勻」的階段，奶油呈現柔軟狀態，可以輕易抹開，適合加入糖、雞蛋或是麵粉等食材。而在「鬆發」階段，奶油經過攪拌，空氣已經打入脂肪鏈中，而且與食材完全融合，很多食譜書中提到的「絨毛狀態」就是指這個階段。此時奶油非常鬆軟，表面看似絨毛的凸起狀。

當材料中的油脂達 60% 以上時，建議使用「粉油拌合法」，例如：磅蛋糕。當奶油攪拌軟化之後，立即加入過篩的粉料打至鬆發狀態，接著才加入糖、鹽，最後加入蛋、奶水等濕性材料。有些人習慣使用「糖油拌合法」，也就是「傳統乳化法」，例如：馬芬蛋糕。先將油脂和細砂糖混合攪拌至絨毛狀態，接著分次加入蛋液，最後才加入乾性粉料。不論哪一種拌合法，攪拌過程皆需要停機、刮缸。

▲柔軟狀態。

▲顏色變淡、質感柔軟的鬆發狀態。

開始打發囉！

◀ 詳細影片在這裡

手拿攪拌棒
（木匙和網狀均可）

〈材料〉

無鹽奶油 110 公克、細砂糖 110 公克（此處份量以 p.38 杯子蛋糕為例）

〈步驟〉

| 手握方式 | 開始攪打 |

1 無論是用木匙或是手拿攪拌棒，操作時將握把確實掌握在手掌中，就像手拿麥克風的手握方式。利用前手臂有規律的擺動，而不是拚命的搶快，以免手臂痠麻。

2 奶油放入盆子，等軟化之後加入糖，用木匙或攪拌棒以「前後前後」來回擺動的方式打軟，過程中需要停下數次。

3 改用橡皮刮刀把黏在盆子內壁的材料刮下來，再繼續攪拌。

4 這個攪拌動作不需順著同一個方向，只要將奶油拌到鬆軟，即可依序加入其他材料，例如細砂糖。

小叮嚀 │ Tips │

冬天時，如果奶油在室溫下放很久都還是硬硬的，此時可以在奶油盆子底下放置溫熱水，奶油很快就會遇熱軟化，但注意千萬別讓奶油融化。

手提式電動攪拌器

〈材料〉

無鹽奶油 110 公克、細砂糖 110 公克（此處份量以 p.38 杯子蛋糕為例）

開始攪打

① 剛開始以兩手扶穩電動攪拌器攪打奶油。

② 奶油變軟後加入其他材料，例如細砂糖，轉中速，此時另一手扶著盆子，以免打翻。攪拌器可以順時針、逆時針的轉，不會影響打發的結果。

③ 盆子底下可以墊一塊濕抹布以防滑動。

④ 攪拌頭輕輕碰觸盆底，不要過分施加壓力，以低速開始運轉。當 1 ～ 2 分鐘之後，攪拌器調中速，繼續耐心攪拌。油脂成分高的產品，可以改高速攪拌，直到期望的打發程度為止（例如拌勻）。

⑤ 攪拌過程中需停機數次，然後用橡皮刮刀把黏在盆子內壁的材料刮下。

桌上型電動攪拌器

〈材料〉

無鹽奶油 110 公克、細砂糖 110 公克（此處份量以 p.38 杯子蛋糕為例）

〈步驟〉

開始攪打

① 使用槳狀攪拌匙，剛開始以低速約打 1 ～ 2 分鐘至軟，可加入細砂糖，改用中速。

② 過程中需要停機數次，用橡皮刮刀或軟刮板，把黏在盆子內壁的材料刮下，再繼續攪拌。

③ 製作「粉油拌合法」的產品，可以用高速將奶油、麵粉混合打至呈現鬆軟膏狀的狀態。

小|巧|可|愛|，|份|量|適|中|不|膩|口|，|搭|配|美|式|奶|油|霜|口|感|更|具|層|次|。|

杯子蛋糕
Cup Cakes

小叮嚀 | Tips |

上圖杯子蛋糕上搭配的甜奶油霜（做法參照p.39），是所有奶油霜的基本款，使用廣泛。
用不完的甜奶油霜可以放入夾鏈袋中，冷藏約可保存2～3個星期，冷凍約可保存1～2個
月。欲使用前放在室溫退冰即可。

份量：約 9 個

保存：蛋糕放在密封盒內，室溫陰涼處保存；或是放在冷凍，以低溫保存。室溫可保存 3 ～ 4 天，冷凍可保存 1 個月。甜奶油霜製作完成後放入夾鏈袋冷藏保存，可保鮮 2 個星期。

〈材料〉

杯子蛋糕

（1）無鹽奶油 110 公克、細砂糖 110 公克、全蛋 110 公克

（2）低筋麵粉 250 公克、無鋁泡打粉 1/2 小匙、細鹽 1/4 小匙

（3）鮮奶 2 大匙、香草精 1 小匙

甜奶油霜

無鹽奶油 100 公克、糖粉 200 公克、香草精 1 小匙、鮮奶油 2 大匙

〈步驟〉

製作麵糊

①　奶油切小塊，放入盆子軟化。

②　等奶油軟化，加入細砂糖，攪拌到顏色變淡、質感柔軟的鬆發狀態。

③　全蛋打散，分次加入奶油中拌勻，拌至鬆發。

④　粉類材料混合後過篩。

⑤　將粉類加入盆子拌勻，改用橡皮刮刀拌。

⑥　先把旁邊的粉撥到中間，刮刀從底部將粉類和奶油往上翻起拌勻。

⑦　刮一下盆子內壁，將粉油刮下。

8 將粉油往下壓。

9 一手握住盆子,另一手拿刮刀,重複刮→翻→壓的動作攪拌。

加入香草精,完成麵糊

10 加入鮮奶、香草精。

11 拌勻成麵糊。

麵糊舀入模型

12 麵糊平均舀入模型中(此處範例為 60 公克),入烤箱以 180℃ 烘烤 25 分鐘,確認烤熟不沾黏即可取出降溫。

製作甜奶油霜

13 將甜奶油霜材料中的無鹽奶油放入盆子,加入糖粉攪拌至鬆發。

14 最後加入香草精、鮮奶油拌勻,即成甜奶油霜。

15 準備平口花嘴和擠花袋,甜奶油霜放入擠花袋中,擠在烤好的蛋糕表面即可。

瑞士奶油酥餅
Butter Cookies

份量： 約 12 個

保存： 放在密封盒內，室溫陰涼處保存，可保存 2 個星期。或是每片餅乾以餅乾袋封口單獨保存，放在保鮮盒內，同時擺放乾燥劑會更好。

〈材料〉

（1）無鹽奶油 110 公克、糖粉 55 公克、奶粉 15 公克、鹽 1/4 小匙、全蛋 1/2 個

（2）高筋麵粉 75 公克、低筋麵粉 75 公克、動物性鮮奶油 1 + 1/2 大匙、香草精 1 小匙

〈步驟〉

製作麵糊

② 全蛋打散，加入拌勻至鬆發。

③ 加入過篩的麵粉，改用橡皮刮刀拌勻。

① 將奶油放入盆子軟化，加入過篩的糖粉、奶粉、鹽，以低速攪拌至均勻混合。

擠出形狀、烘烤

⑥ 放入已經預熱好的烤箱，以 180℃ 烘烤 18 ～ 20 分鐘，烤好之後取出，放在架子上降溫。

④ 最後加入鮮奶油、香草精，拌勻即成餅乾麵糊。

⑤ 準備菊形花嘴和擠花袋，把餅乾麵糊放入擠花袋。烤盤鋪上烘焙紙，等距離擠出麵糊。

小叮嚀 ｜ Tips

麵糊可以冷凍保存1～2個月。欲使用前取出於室內退冰至「軟化」狀態，不要過度攪拌，即可放入擠花袋，擠在鋪好烘焙紙的烤盤上。

打發
蛋白

To Whip Egg Whites

I 認識蛋白

　　一顆全蛋可以提供大約 70 大卡的熱量，其中蛋白佔 15 卡，蛋黃佔 55 卡。雖然蛋黃含有比較多營養和熱量，不過蛋白有不可取代的「筋性」，提供麵筋強韌性、吸水性。蛋白又稱蛋清，屬於韌性材料，蛋糕能否順利膨脹都是藉由蛋白的起泡效果，像是風行台、日的「戚風蛋糕」，正是蛋白打發的最佳例子。

　　然而，打發蛋白也是多數烘焙新手常遇到的問題，因為不了解操作方式和訣竅，所以無法正確打發蛋白，就會直接影響到糕點的口感和成敗。另外，蛋白打發的方式有很多種，而且蛋白打發後也有不少延伸糕點種類，因此光是一個「蛋白」糕點，品項琳瑯滿目，令人目不暇給。像是過年常吃的牛軋糖、時尚流行的馬卡龍、法式小點心達克瓦茲、漂浮之島、馬林糖、帕弗洛瓦、薑餅屋上黏稠的白雪等等，幾乎說不完、數不盡，這些都是靠蛋白打發延伸出的美味糕點。

如果蛋白保存得當，可以在冷藏的狀態下保存很久。通常，我會將多餘的蛋白放在乾淨的密封保鮮盒，不可以摻入任何水分和油脂，這樣可以保存超過一個月以上而不腐敗。假若蛋白的量太多，也可以改用雙層夾鏈袋封裝，放入冰箱冷凍，解凍後一樣可以使用。但要注意，解凍後的蛋白黏性稍減，所以不建議冷凍太久，最好能在兩個星期內用完。

Ⅱ 打發前的準備

♟ 蛋白最怕潮濕與油膩

蛋白的韌性最怕油脂來搗亂，所以打發時不可以含有任何一絲蛋黃或油脂，否則蛋白無法順利打發。

♟ 潮化的糖也會影響打發

如果家中的糖不夠乾燥，而是帶有潮濕的結粒糖，也會阻礙打發的過程。

♟ 塔塔粉可幫助打發

塔塔粉（Cream of Tartar）是一種酸性原料，藉著酸鹼中和來幫助蛋白起泡。用量非常少，通常 100 公克蛋白，大約使用 0.5 公克塔塔粉輔助，可幫助打好的蛋白維持形狀，但也可不加。此外，塔塔粉容易受潮或者過期，所以使用時要確認有效期限。

♟ 確保器具無水、無油

打發蛋白前，一定要確認盆子和攪拌匙乾淨、無油、無水。雞蛋如果用清水沖洗過，或者從冰箱取出之後蛋殼表面凝結水珠，記得用廚房紙巾擦拭乾淨，才可以使用。

Ⅲ 打發的過程

蛋白最佳的起泡溫度是 18 ～ 20℃，因此製作前要先將蛋白從冰箱取出退冰。不管是攪打成濕性或乾性發泡，通常會先將蛋白打至粗粒泡沫狀之後，才開始分次加入細砂糖，這樣的操作模式有助於將蛋白打至乾性發泡。細砂糖需分次加入，手打的大約每隔 1 分鐘加入，電動的大約每隔 10 秒鐘加入，所有的糖分成 3 次加入即可。

通常，100 公克蛋白至少需要 50 公克細砂糖來幫助打發。打發蛋白時加入糖是因為糖具有吸濕、安定的作用，可以維持蛋白泡沫的穩固結構，讓打好的蛋白霜更漂亮。不過，糖屬於柔性材料，一旦加入比蛋白份量更多的糖，便無法將蛋白打至充滿空氣的乾性發泡。另外，除非食譜中特別註記，否則不建議使用細砂糖以外的糖來製作點心，純白的「細砂糖」溶解快、味道純、品質穩定，是製作點心最佳的首選。

▲ 盆子中的蛋白霜尾端尖挺，即乾性發泡狀態。

IV 打發蛋白的種類

🍶 種類 1 **法式蛋白霜** Cold Meringue

是三款蛋白霜中最常用到、烘焙新手較容易成功，而且是唯一可以嘗試全程手工（手拿攪拌棒）打發起泡的。法式蛋白霜適合用來製作達克瓦茲、法式馬卡龍等糕點。

▲濕性發泡狀態　　　　　▲乾性發泡狀態

🍶 種類 2 **義式蛋白霜** Italian Meringue

必須在攪打過程中倒入滾燙的糖漿，同時攪拌器不能停止攪拌，所以除非現場有兩個人操作，否則使用手拿攪拌器棒更是難上加難。蛋白霜在加熱過後韌性會增加，使得攪拌困難、阻力增加，使用手拿攪拌棒不僅難，再者不易確保能夠攪拌均勻，所以不建議使用手拿攪拌棒操作。

▶表面光亮、蛋白霜堅挺、紋路不消失的狀態。

🍶 種類 3 **皇家蛋白霜** Royal Icing

雖然不需要打至乾性發泡，也不必同時加入滾燙的糖漿，但是因為糖粉的份量多，需要定速的持續攪拌，才能將糖霜攪拌至光滑細緻的表面，所以如果想用手拿攪拌棒來製作，建議兩個人輪流攪拌。

以下介紹三種蛋白霜的操作和配方。配方建議量都是少量，因此可以使用手拿攪拌棒或手提式電動攪拌器製作。但是，我還是比較不建議使用手拿攪拌棒，因為蛋白打發的過程需要快速、穩定的攪拌速度，如果改用手工製作，除非你已經相當熟練，否則無法保證一定成功。

▲攪打至表面光亮，蛋白霜不流動的程度。

開始打發囉！

{法式蛋白霜 Cold Meringue }

◀ 詳細影片
在這裡

手拿攪拌棒

〈材料〉
蛋白 90 公克、細砂糖 45 公克、
塔塔粉 0.5 公克（可不加）

〈步驟〉

`手握方式`

`開始攪打`

① 輕鬆握住握把，讓攪拌棒自然靠在手掌中。

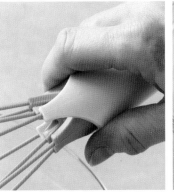

② 拇指和食指抓住握把和攪拌棒頭的接合點，是槓桿原理中最省力的握點。攪拌頭的體積大、鋼條多，也是省力的重點。

③ 蛋白和塔塔粉放入盆子，先快速將蛋白打散，使韌性結構被破壞，出現粗粒泡沫狀。

④ 加入第一次的細砂糖，攪拌大約 1 分鐘後加入第二次細砂糖，然後以此類推。

⑤ 以定速、同方向的擦底攪打，像是要把空氣拌入蛋白中，因此動作務必大；另一手握住盆子，順同一個方向轉動，可幫助均勻起泡。

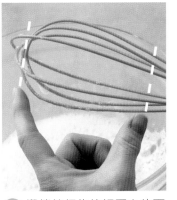

⑥ 攪拌棒鋼條接觸蛋白的面積愈大（參照上圖拇指和食指間的距離），愈容易打發。

8 繼續攪打，盆子中的蛋白紋路維持、沒有消失，表示即將至乾性發泡。

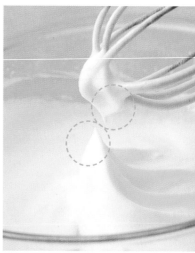

7 攪打至以攪拌棒拉起，盆子中或是攪拌頭的蛋白霜尾端下垂、彎曲，即濕性發泡（6～7分發）。

9 攪打至以攪拌棒拉起，盆子中或是攪拌頭的蛋白霜尾端尖挺，即乾性發泡（8～9分發）。

手提式電動攪拌器

〈材料〉

蛋白 90 公克、細砂糖 45 公克、塔塔粉 0.5 公克（可不加）

〈步驟〉

手握方式

開始攪打

1 兩手握住電動攪拌器，以拇指按壓開關。

2 蛋白和塔塔粉放入盆子，先調高速將蛋白快速打散，使韌性結構被破壞，出現粗粒泡沫狀。

3 加入第一次的細砂糖後調中速攪拌，大約 10 秒鐘以後加入第二次細砂糖，以此類推。

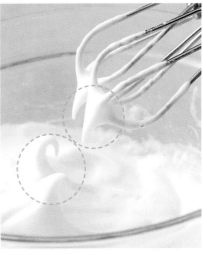

④ 攪拌器順相同方向操作，攪拌盆也必須順相同方向轉動。

⑤ 蛋白出現圖中的紋路時，可以先停止機器。

⑥ 以攪拌棒拉起，盆子中或是攪拌頭的蛋白霜尾端下垂、彎曲，即濕性發泡（6～7分發）。

⑦ 繼續攪打，盆子中的蛋白紋路維持、沒有消失，表示即將至乾性發泡。

⑧ 攪打至以攪拌棒拉起，盆子中或是攪拌頭上的蛋白霜尾端尖挺，即乾性發泡（8～9分發）。

小叮嚀 │ Tips │

1. 如果是這個配方的份量或少於這個份量，建議可以使用手提式電動攪拌器，甚至用手拿攪拌棒操作。如果份量超過這個配方，建議使用桌上型電動攪拌機，可以省時省力。

2. 可以在配方中加入少量（約0.5公克）塔塔粉，增加蛋白起泡後的穩定性。

3. 打發後的蛋白一定要立刻製作成所需的麵糊，不可久放，無論室溫或冷藏都不可以。

4. 製作達克瓦茲、法式馬卡龍都需要法式蛋白霜。

{義式蛋白霜 Italian Meringue }

◀ 詳細影片
在這裡

手提式電動攪拌器

〈材料〉
蛋白 45 公克、細砂糖 125 公克、
水 50c.c.、塔塔粉少許（可不加）

〈步驟〉

手握方式　　　　　**煮糖漿**

1 兩手握住電動攪拌器，以拇指按壓開關。

2 將細砂糖、水倒入鍋中，讓水完全浸濕細砂糖。此時，另煮一小鍋熱水，準備讓蛋白保溫用，沸騰後關火。

3 開中小火，將步驟 **2** 的糖水加熱。

開始攪打

4 於此同時，蛋白和塔塔粉放入盆子，快速攪打至濕性發泡（5～6分發）。

5 將蛋白霜放在步驟 **2** 的小鍋熱水上保溫備用。

6 糖水沸騰後放入溫度計，將糖漿煮至120℃。

⑦ 糖漿到達溫度後，關火，立刻將熱糖漿維持細細的線條倒入蛋白霜中，攪拌器調中速不能停，糖漿全部倒完，持續攪拌，打到蛋白霜的紋路維持不消失，也就是糖漿已經將蛋白充分加溫並打至乾性發泡（8～9分發）。

⑧ 確認蛋白的表面光亮、蛋白霜堅挺、紋路不消失的狀態即可。

小叮嚀 │ Tips │

1. 這個配方雖然份量不多，但因為操作時需要一手攪拌、一手倒入糖漿，除非兩個人操作，否則不建議使用手拿攪拌棒。

2. 這個配方對初學者而言難度高，需要電動攪拌器的輔助。多於這個配方的份量時，可以改用桌上型電動攪拌機。操作方式稍微有技巧，當倒入糖漿時機器改為慢速，等到糖漿完全倒入之後再改成中速，可以避免糖漿倒入盆子時，被快速旋轉的攪拌匙噴飛黏在盆邊，產生耗損。

3. 若使用桌上型電動攪拌器，先將糖水煮至113℃，然後開始打發蛋白和塔塔粉，打至濕性發泡。糖水煮到120℃就停止。接著把熱糖漿倒入蛋白霜盆中，打至乾性發泡即可。

▲先打至濕性發泡，再加入熱糖漿。　▲熱糖漿細細倒入。

{皇家蛋白霜 Royal Icing }

◀ 詳細影片
在這裡

手拿攪拌棒＋手提式電動攪拌器

〈材料〉

糖粉 240 公克、蛋白 1 個（約 30 ～ 35 公克）、檸檬汁或香草精 2 小匙、塔塔粉少許（可不加）

〈步驟〉

處理材料　　　　　開始打蛋白

1 蛋白退冰至室溫，糖粉過篩備用。

2 把蛋白、檸檬汁倒入盆子中。

3 先用手拿攪拌棒快速的把蛋白和塔塔粉打散，打至粗粒泡沫狀。

4 分次將糖粉加入盆子，改用電動攪拌器以中速攪打至融合。

5 過程中要停機，用橡皮刮刀將黏在盆子內壁的材料刮下拌合。

確認打發狀態

⑥ 由於拌合需要的時間比較久，建議使用電動攪拌器製作皇家蛋白霜，一直攪拌到表面光亮，蛋白霜不流動的程度。

⑦ 另一個檢視的方法是，用小湯匙挖少許蛋白霜，抹在工作檯或盤子上，蛋白霜尖端硬挺不下垂即可。

小叮嚀 │ Tips │

1. 因為蛋白的份量太少，使得剛開始不好打散，建議先用手拿攪拌棒打散。

2. 這個配方完成的蛋白霜屬於第一階段的硬式蛋白霜（糖霜），適合用來做糖霜玫瑰花、薑餅屋的黏合劑，以及裱花餅乾的圍邊（作用如同擋水的柵欄）。

3. 糖霜如果不夠濃稠或是有點軟，就多加一些過篩的糖粉；反之，糖霜如果流動性不夠，就多加一些冷開水調整。這個配方使用的比例為蛋白1：糖粉8，因此可以先測量蛋白的份量後乘以8倍，就是糖粉的份量。

4. 完成的蛋白霜表面覆蓋保鮮膜，或蓋緊盒蓋冷藏保存，可達2～3個星期之久。每次視情況需要取出適量，加以染色或是以冷開水調稀，就可以用來裝飾。

{皇家蛋白霜 Royal Icing }

手拿攪拌棒＋桌上型電動攪拌器

〈材料〉

糖粉 240 公克、蛋白 1 個（約 30 公克）、檸檬汁或香草精 2 小匙、塔塔粉少許（可不加）

〈步驟〉

處理材料

❶ 蛋白退冰至室溫，糖粉過篩備用。

❷ 把蛋白、塔塔粉和檸檬汁倒入盆子中。

開始打蛋白

❸ 用手拿攪拌棒快速的把蛋白打散，打至粗粒泡沫狀。

❹ 分次將糖粉加入盆子，改用電動攪拌器以中速攪打至融合。

⑤ 過程中要停機,用橡皮刮刀將黏在盆子內壁以及沉在底部的材料刮下拌合。

⑥ 由於拌合需要的時間比較久,建議使用電動攪拌機製作皇家蛋白霜。攪拌過程中,因蛋白霜還會噴濺,要不時用橡皮刮刀將黏在盆子內壁的材料刮下拌合。

確認打發狀態

⑦ 一直攪拌到表面光滑,蛋白霜不流動的程度。

⑦ 另一個檢視的方法是,用小湯匙挖少許蛋白霜,抹在工作檯或盤子上,蛋白霜尖端硬挺不下垂即可。

外｜殼｜平｜滑｜酥｜脆｜、｜內｜部｜濕｜潤｜且｜稍｜具｜黏｜性｜的｜時｜尚｜甜｜點

糖瓷馬卡龍
Macarons

份量：大約 50 組

保存：將馬卡龍單獨包裝，放入密封保鮮盒冷凍保存，建議最多保鮮 2 個星期。

〈材料〉

馬卡龍餅乾

（1）馬卡龍用杏仁粉 250 公克、馬卡龍用糖粉 250 公克、蛋白 90 公克

（2）細砂糖 250 公克、水 100c.c.、蛋白 90 公克、塔塔粉 1/8 小匙、紅色色膏少許

奶油霜夾心

甜奶油霜 300 公克（參照 p.38）、奶油乳酪（Cream Cheese）100 公克、檸檬汁 40c.c.

〈步驟〉

製作蛋白杏仁糊

1 杏仁粉過篩，必須非常細，可多過篩幾次。

2 將杏仁粉、糖粉倒入盆子，混合均勻。

3 加入蛋白混合拌勻，直到呈現完全無顆粒狀的蛋白杏仁糊，蓋上保鮮膜。

煮糖漿

⑤ 開中小火，慢慢將步驟 ④ 的糖水加熱。

④ 將材料（2）中的細砂糖、水倒入鍋中，等水完全浸濕細砂糖。等水浸濕時，另煮小鍋熱水，準備用來製作義式蛋白時保溫用。

⑥ 將糖漿煮至 120℃ 的溫度。

開始攪打

⑦ 於此同時，將蛋白、塔塔粉放入盆子，利用隔水加熱的方式，攪打至濕性發泡（6～7分發），保溫備用。

⑧ 立刻將到達溫度的熱糖漿維持細細的線條倒入蛋白霜中，攪拌器不能停，全部倒完。

⑨ 持續攪拌，蛋白線條不消失，就代表糖漿已經將蛋白充分加溫並打至乾性發泡（8～9分發）。

加入色膏、完成麵糊

⑩ 用牙籤（或小湯匙）沾取色膏，拌入蛋白霜，改用橡皮刮刀拌勻。

⑪ 分次將步驟 ⑩ 加入蛋白杏仁糊中。

翻

壓

⑫ 用刮板以「翻、壓、翻、壓方式」徹底拌勻，拌到麵糊質感如同緞帶狀緩慢下垂，而且麵糊表面光澤細緻。

●剛開始混合時由於蛋白杏仁糊比較硬，改用硬木匙會較省力。
　或是將蛋白霜直接倒入桌上型攪拌器的鋼盆內，以機器代勞攪拌。

套入花嘴，準備烤盤

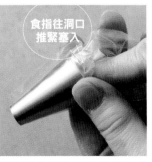

食指往洞口
推緊塞入

⑬ 烤模鋪上矽利康材質的烘焙紙（烘焙布）。

⑭ 將口徑約 1 公分的平口擠花嘴套入擠花袋中。擠花嘴上方的擠花袋扭轉兩圈，塞入擠花嘴中。

⑮ 將馬卡龍麵糊裝入袋中，用刮板將麵糊推至前方。

擠馬卡龍麵糊

16 一手將擠花袋的袋口扭緊，另一手握著。

17 將烘焙紙四個角落掀起，擠一點點麵糊，固定烘焙紙與烤盤。

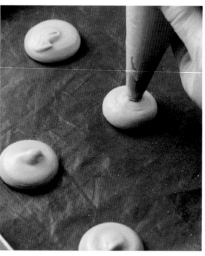

18 另一手靠近擠花嘴，擠出直徑約2.5公分的圓麵糊。

19 雙手拿好烤盤，往桌面敲一下烤盤，敲出麵糊中的空氣。

20 麵糊靜置等待表面乾燥，可以利用等待烤箱預熱完成的時間，將烤盤放在烤箱旁邊乾燥。麵糊靜置的時間足夠，成品的色澤會更柔和。

製作奶油霜夾心

21 將甜奶油霜、切塊軟化的奶油乳酪放入盆子，用網狀攪拌器打勻。

22 加入檸檬汁混合，即成奶油霜夾心。

入烤箱烘烤、組合

㉓ 馬卡龍麵糊表面乾燥之後，放入已經預熱好的烤箱中層，以上下火 150℃烘烤 20 分鐘。如果烤箱下火太旺，可以在烤盤底下再多墊一張烤盤來隔底層直火。

㉔ 取出烤好的馬卡龍餅乾放涼，選 2 片形狀相同的搭配。

㉕ 將奶油霜夾心填入擠花袋，袋口剪 1 公分口徑，將適量奶油霜擠在其中一片餅乾上。

㉖ 將另一片餅乾對好蓋上，完成囉！

小叮嚀 ｜ Tips ｜

1. 馬卡龍專用杏仁粉是以外形如橄欖形狀的進口杏仁磨成，而非東方的南杏、北杏。透過細目篩網過濾出更細的杏仁粉是非常重要的，如果磨成杏仁粉已經結顆粒，建議與糖粉一起放入食物處理機中，採瞬間攪打的方式再打碎；製作馬卡龍時必須準備比配方需求更多一點的杏仁粉備用，因為透過篩網篩出的份量才是製作時秤重所需的份量。

2. 糖粉是指專門用來製作馬卡龍的糖粉，當然可以使用一般糖粉，但是要確保不含玉米粉，也絕非防潮糖粉。

3. 蛋白務必從冰箱取出，回溫至室內溫度（理想溫度是20℃）再操作。

4. 如果麵糊製作正確，擠在烤盤上的麵糊表面會非常快乾燥不黏手。

5. 任何一款精緻點心的製作成敗都與溫度、濕度有關，馬卡龍也不例外，因此當工作環境沒有空調控溫的時候，操作者務必要更加小心謹慎，以經驗判斷烤箱溫度是否需要微調，否則很容易讓產品在烘烤時失敗。

6. 建議多準備幾張烤盤鋪上烤紙，一次就將所有麵糊平整的擠在烤盤上等待入烤箱，是比較理想的做法。

低溫烘乾的蛋白霜糖，口感細緻、外型變化多！

馬林糖
Meringue

份量： 大約 60 個

保存： 馬林糖非常害怕潮濕，所以烤好之後立刻放入密封保鮮盒（袋）冷凍保存，建議放入乾燥包，最長可保鮮 4 個星期。

〈材料〉

蛋白 100 公克、細砂糖 100 公克、檸檬汁 1/2 小匙、醋 1/2 小匙、玉米粉 1 小匙、塔塔粉 0.5 公克（可不加）

〈步驟〉

製作蛋白霜

① 烤箱以 100℃ 預熱，烤盤鋪烘焙紙。

② 將蛋白和塔塔粉放入盆子，快速把蛋白打散，打至粗粒泡沫狀。

③ 電動攪拌器轉至中速，分次加入細砂糖。

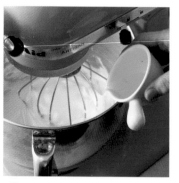

⑤ 加入檸檬汁拌勻。

④ 繼續攪打,直到以攪拌頭拉起,蛋白霜
尾端尖挺不下垂,至乾性發泡(8～9
分發)。

⑥ 加入醋、過篩的玉米粉拌
勻。

擠出各種形狀

⑦ 將口徑約 1.5 公分的菊形擠花嘴套
入擠花袋中,裝入麵糊。

⑧ 一手將擠花袋的袋口扭緊,另一
手握著。

入烤箱烘烤

9 在烤盤上擠出玫瑰花、空心圓，或是流星、小雲朵形狀。

10 放入已經預熱好的烤箱，以旋風模式烘烤 90 ～ 120 分鐘，直到表面不黏手、乾硬且可以輕鬆翻起底部的乾燥狀態，完成囉！完成的麵糊表面可以撒上防潮可可粉、防潮糖粉、烘焙用抹茶粉來增加亮麗色彩。

小叮嚀 │ Tips │

1. 馬林糖又叫蛋白糖、天使之吻。每個配方都有些許不同，這裡的配方是我已經熟悉且操作多次的帕弗洛瓦麵糊（Pavlova）。這相傳是紐西蘭的國寶級甜點，為了歡迎俄國芭蕾舞者帕弗洛瓦小姐訪紐而特別設計的。

2. 烘烤接近尾聲時要特別注意，千萬不要讓馬林糖上色。

3. 檸檬汁是為了調味，也可以改用杏仁露或是香草精。

4. 醋的種類，像白醋、黑醋、葡萄酒醋均可，但為了糖的色澤潔白，建議用白醋。

5. 建議多準備幾張烤盤鋪上烘焙紙，一次將所有麵糊平整的擠在烤盤上等待入烤箱，這是比較理想的做法。也可以一次烘烤兩盤，但每隔30分鐘要將烤盤上下調換。夏天時，擠好的麵糊可以放入冰箱冷藏等待烘烤；冬天時直接放在室溫陰涼處即可，這種麵糊不會消泡、出水或萎縮。

6. 麵糊可以加入色膏調色，或是用水彩筆刷將色膏刷在擠花袋內，擠出漂亮彩色的麵糊。

7. 馬林糖可以放入可可、咖啡或是紅茶裡面當作調味，也可以當作蛋糕的裝飾。

蓬鬆柔軟的經典蛋糕體，單吃或加上霜飾都可口。

巧克力戚風蛋糕
Chocolate Chiffon Cake

份量： 6 ～ 7 吋戚風蛋糕 1 個

保存： 放入密封盒中，約可冷藏 3 ～ 4 天；也可切片裝入夾鏈袋中，約可冷凍 1 ～ 2 個月。

〈材料〉

（1）純可可粉 15 公克、小蘇打粉 1/8 小匙、熱水 65c.c.、蘭姆酒 10c.c.

（2）細砂糖 30 公克、沙拉油 40 公克、蛋黃 2 個、低筋麵粉 75 公克、無鋁泡打粉 1/4 小匙（可省略）

（3）蛋白 90 ～ 100 公克、細砂糖 45 公克、塔塔粉 0.5 公克（可不加）

〈步驟〉

製作蛋黃可可麵糊

3 沙拉油隔水加溫，然後加入步驟 2 中。

1 純可可粉、小蘇打粉混合，過篩入盆子中。

2 加入熱水攪拌溶化，再加入蘭姆酒、細砂糖拌勻成可可麵糊。

4 繼續加入蛋黃、過篩的低筋麵粉和泡打粉。

65

5 攪拌均勻成蛋黃可可麵糊。這裡不要攪拌過頭，以免出筋。

6 將蛋白和塔塔粉放入乾淨的盆子，用網狀攪拌頭快速的把蛋白打散，打至粗粒泡沫狀。

7 分次加入細砂糖，攪打至以攪頭拉起，蛋白霜尾端尖挺不下垂即乾性發泡（8～9分發）。

混合蛋白霜與麵糊

8 將蛋白分三次加入蛋黃可可麵糊混合，以橡皮刮刀，用刀切狀的方式拌入，以免氣泡消失，邊切入邊轉動盆子，順同一方向轉動。

9 確認可可麵糊有無沉澱盆底，可用橡皮刮刀從盆底刮起，同時檢查有無混合不均的蛋白泡沫藏在麵糊中。

小叮嚀 │ Tips │

1. 如果你的烤箱強調不需要調頭，可全程平均烘烤，則烤至20分鐘的時候，調降烤溫即可。

2. 如果不希望蛋糕表面有裂痕，可以全程改用150℃的低溫烘烤。但因為戚風蛋糕脫模後是上下倒置，所以整齊的底部會朝上，金黃上色面反而會朝下，所以表面是否有裂痕並不會影響蛋糕的整體外觀。只不過目前市售有很多漂亮的戚風烤模，是以耐熱的紙質裁成，方便烘焙完成後不需脫模即可當作包材，所以漸漸變得在意上色面的裂口。

⑩ 拌至麵糊的質感如緞帶般緩慢下垂即可。

⑪ 把麵糊從高處往下倒入模型中，讓麵糊呈現薄薄的片狀流下，以確認有無沒拌勻的蛋白藏在其中。

⑫ 雙手拿穩模型，往桌面輕敲數下，敲出麵糊中的空氣。

⑬ 放入已經預熱好的烤箱，以上下火 180℃烘烤，烤至第 20 分鐘時烤盤左右調頭，改為 160℃續烤 15 分鐘。烤好後取出模型，倒放在一個高口的瓶子或罐子上，讓蛋糕放涼。

貼著模型邊緣脫膜

⑭ 以脫膜刀沿著模型邊緣劃開，將蛋糕頂出，上下翻轉脫膜，完成囉！

打發
蛋黃

To Cream Yolks

Ⅰ 認識蛋黃

蛋黃是讓烘焙產品綿密柔軟的重要物質，在烘焙中屬於「柔性材料」。豆類、蛋黃和動物肝臟中都含有豐富的卵磷脂，是細胞重要的組成物質。胚胎在母體中發育的過程，需要足夠的卵磷脂幫助其腦部和神經的發展，因此人類和動物都不可缺少這個營養素。蛋黃卵磷脂和大豆卵磷脂功效相同，差異僅在於「來源」的不同。

想要烘焙產品上色漂亮、綿密柔滑，就需要蛋黃的幫助。慕斯類的產品強調口感綿密、入口即化，可以增加蛋黃的份量。製作美乃滋、芭芭露亞、沙巴雍都需要蛋黃，而這種綿綿的口感，正是大多數人喜愛的極佳糕點口感。

蛋黃從冰箱取出之後必須先在室溫中靜置一陣子，使溫度回到適合打發的溫度，或是直接隔水加熱，讓蛋黃的表面張力減弱，幫助打發。

Ⅱ 打發前的準備

🥄 隔水加熱

從冰箱取出蛋黃放置在室溫一陣子，取熱水準備隔水加熱打發，但是蛋黃與細砂糖不可太早混拌，以免結出難以融化的顆粒。如果有剩下蛋黃無法當日使用完畢，可以將蛋黃存放在乾淨的容器內，以盒蓋緊閉或是保鮮膜緊密覆蓋，以免蛋黃的水分散失而變乾硬，放入冰箱冷藏保存，約可保存 2 天。

Ⅲ 打發的過程

蛋黃打發至濃稠狀態，顏色會同時變淡，這是空氣順利打入蛋黃組織中的證明，同時體積增多、膨脹。以下將分成手拿、手提式和桌上型電動攪拌器說明！

▲蛋黃質地濃稠顏色變淡，空氣順利打入。

▲不時停機，然後以橡皮刮刀將材料刮下。

小叮嚀｜Tips｜

打發蛋黃並不難，因為不管你如何改變攪拌的方向，都可以將蛋黃打發，只不過在打發的過程中，蛋黃液容易噴黏附在盆子內壁，最好不時停機，以橡皮刮刀將材料刮下，一併攪拌，可以減少材料的耗損。

開始打發囉！

◀ 詳細影片在這裡

手拿攪拌棒

〈材料〉蛋黃 2 個、細砂糖 15 公克

〈步驟〉

手握方式

開始攪打

① 一手握住盆子，另一手握住攪拌器。將蛋黃和細砂糖放入盆中。

② 建議隔水加熱時，底部的熱水不要以直火加熱，而是沸騰後即刻關火，再將裝有蛋黃的攪拌盆置於其上，開始攪拌，以免新手控制不當，把蛋黃煮熟。

③ 將攪拌頭完全壓在盆底，碰觸到蛋黃，以來回來回、左右左右或是畫圓的方式，維持中速攪拌，不需順著同一個方向，可以任意變換方向。（此處以玻璃盆示範）

④ 攪打至蛋黃顏色變淡、體積膨脹。

手提式電動攪拌器

〈材料〉
蛋黃 2 個、細砂糖 15 公克

〈步驟〉

手握方式

① 一手握住盆子，另一手握住攪拌器。將機器的握把握在手中，盆子底下鋪一塊濕布以防止滑動，如果主機很重，可以靠著一個物體操作。

② 將蛋黃和細砂糖放入盆中。隔水加熱時，放在攪拌盆底下的鍋子口徑，一定要比較小，這樣可以讓攪拌盆穩穩架在鍋子上方。

開始攪打

④ 攪拌的過程中要不時停機，把噴黏附在盆子內壁的蛋黃刮下，減少材料的耗損。

③ 將攪拌頭完全壓在盆底，碰觸到蛋黃，以中速攪打，不需順著同一個方向，可以任意變換方向，直到蛋黃顏色變淡、體積膨脹。

桌上型電動攪拌器

〈材料〉
蛋黃 2 個、細砂糖 15 公克

〈步驟〉

開始攪打

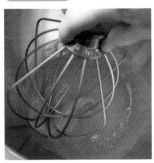

① 蛋黃和細砂糖放入盆子中，以中速攪打。

② 蛋黃如果溫度太低（太冷），可以在攪拌之前隔水加熱，加熱的同時以手握攪拌頭快速攪拌。

小叮嚀 │ Tips │
因為蛋黃的體積小、量少，機器的攪拌頭不見得可以順利碰觸到蛋黃，一般只有製作大量醬汁時，才會用到桌上型攪拌機來攪拌。

71

經典的義大利甜醬，與水果的搭配令人著迷。

水果沙巴雍
Fruits Sabayon

份量：約 90 公克

保存：沙巴雍醬汁是熱熱吃的甜點醬汁，放入保鮮盒可以冷藏保存約 2 天；但是冷藏過的醬汁如果要再次食用，建議淋在水果上入烤箱烤熱之後再吃。

〈材料〉

（1）蛋黃 2 個、細砂糖 25 公克、白蘭地 30c.c.

（2）新鮮草莓、藍莓、西洋梨、香蕉各適量

〈步驟〉

加熱食材　　　　　　　　　　　　　**開始攪打**

1 將蛋黃、細砂糖混合後放入盆子，盆子底隔一盆熱水，倒入白蘭地。

2 以隔水加熱的方式攪拌，讓材料顏色變淡、質地濃稠。

3 攪拌時，要不時以橡皮刮刀，把噴黏附在盆子內壁的材料刮下。

美乃滋的質地

4 當材料呈現美乃滋的狀態時，即可停止攪拌。

5 水果洗淨切片之後放在盤子上，表面淋上沙巴雍醬汁，也可以用噴火槍輕輕炙烤表面，使表面金黃上色。

73

安格蕾醬
Anglaise Sauce

加熱食材

份量：約 300 公克

保存：冷卻後蓋上保鮮膜入冰箱保存，
　　　　約 2 天。

〈材料〉

牛奶 250c.c.、香草精 1 小匙、蛋黃 2 個、
細砂糖 50 公克

① 將牛奶倒入湯鍋加熱，即將
沸騰前關火，加入香草精。

② 蛋黃、細砂糖倒入盆子，
用手拿攪拌棒仔細攪拌，
直到材料濃稠、顏色變
淡。

③ 先將一半量的牛奶加入步
驟 ② 中，拌勻後再倒回
湯鍋中，改用木匙攪拌。

④ 將步驟 ③ 以中火加熱，
用木匙擦底攪拌。

確認醬汁狀態

⑤ 當加熱至 80℃ ～ 85℃ 時，
材料會變得濃稠但尚未凝
成塊狀，此時就要關火。
煮好的醬汁隔冰水降溫，
邊降溫邊攪拌，確認冷卻
後蓋上保鮮膜入冰箱保存。

小叮嚀｜Tips｜

如果沒有溫度計，可以
用木匙或湯匙測試，看
看沾黏在木匙或湯匙背
面的醬汁是否可以畫出
一條明顯清楚的線條，
如果可以就代表濃度
夠；如果還不行，就要
繼續煮，但是千萬不要
煮過熱，會導致蛋液凝
固而失敗。

▲沾黏在木匙背面的醬汁可以畫
出一條明顯清楚的線條，代表濃
度夠。

卡士達醬
Custard

份量：約 450 公克
保存：冷卻後表面緊貼保鮮膜入冰箱，可保存 4 ～ 5 天。

〈材料〉

（1）牛奶 300c.c.、細砂糖 60 公克、香草精 1/4 小匙
（2）低筋麵粉 18 公克、玉米粉 12 公克、蛋黃 50 公克
（3）無鹽奶油 45 公克

〈步驟〉

① 牛奶倒入湯鍋加熱，加入
細砂糖、香草精混合，攪
拌至即將沸騰前關火。

② 蛋黃打入盆子，加入過
篩的粉類。

③ 用手拿攪拌棒拌勻，直到
材料均勻混合。

確認醬汁狀態

④ 把熱牛奶倒入蛋盆中，
混合後倒回湯鍋中。

⑤ 將湯鍋以中火加熱，改用
木匙邊加熱邊攪拌，直到
材料濃稠且沸騰，關火。

⑥ 加入奶油，攪拌直到奶油
融化，即成卡士達醬。

⑦ 將卡士達醬表面緊密貼覆
耐熱保鮮膜，以免表皮形
成乾硬的皮。

小叮嚀 ｜ Tips ｜

1. 蛋黃的部分可以改成
   使用全蛋60公克；香
   草精可以改成肉桂粉
   或杏仁精。

2. 低筋麵粉可以不使
   用，改成全部使用玉
   米粉30公克，成品會
   很Q彈。

3. 卡士達醬冷藏後會凝
   結，如果要混入鮮奶
   油，建議使用電動攪
   拌器。

▲電動攪拌器可以拌得更均勻。

打發蛋黃　醬汁＆糕點範例

芭芭露亞
Bavaroise

份量：約 570 公克
保存：蓋上保鮮膜入冰箱，
　　　　可保存 4～5 天。

〈材料〉
（1）安格蕾醬 300 公克（參
　　　照 p.74）
（2）動物性鮮奶油 250c.c.、
　　　細砂糖 20 公克、吉利
　　　丁片 3 公克

小叮嚀｜Tips

由於倒扣時會有一部分
芭芭露亞融化，所以建
議選擇有深度的盤子盛
裝。倒扣之後立即將糕
點再次放入冰箱冷藏，
直到融化的部分再凝
結，即可取出品嘗。

製作芭芭露亞糊

1 吉利丁片浸泡在冷開水中軟化，擠乾備用。

2 參照 p.74，將安格蕾醬汁操作至步驟 5，煮到濃稠的階段，關火，加入擠乾水分的吉利丁片，攪拌融化。

確認醬汁狀態

5 把鮮奶油分次加入安格蕾醬汁，拌勻成芭芭露亞糊。

3 將步驟 2 隔冰水降溫。

4 鮮奶油加糖，參照 p.20 以手拿攪拌棒攪打到接近 6～7 分發的起泡程度。

倒入模型、冷藏

倒入模型、冷藏

6 在模型內薄塗些許沙拉油。

7 將芭芭露亞糊倒入模型內，放入冰箱冷藏凝結。

8 脫模的時候把模型浸泡在溫水幾秒鐘，看到糕點邊緣脫離模型，立刻蓋上盤子倒扣脫模。

打發
全蛋
To Beat Eggs

I 認識全蛋

　　雞蛋（全蛋）是烘焙產品的重要角色，光是一顆雞蛋就可以千變萬化，製作出許多美味糕點。雞蛋本身營養豐富，一直被公認是最佳的蛋白質來源，人類食用雞蛋的歷史可追溯至古代，可見雞蛋與人類密不可分。

　　科學家仔細分析之後發現，雞蛋含有 75% 的水分、12% 的脂肪，以及其他如固形物、礦物質和碳水化合物等物質。雞蛋中的蛋黃屬於柔性材料，蛋黃內含有卵磷脂，具有超優的乳化作用；蛋白則屬於韌性材料，其中 88% 都是水分，而蛋糕是否蓬鬆都靠它。

　　蛋白和蛋黃是個奇妙的組合，打發全蛋的時候，蛋黃內的卵磷脂會阻止蛋白起泡鬆發，因此建議隔水加熱讓蛋液的溫度上升，這樣可以降低蛋黃的黏稠性，加速與蛋白的拌合作用。

II 打發前的準備

🏆 隔水加熱打發

　　全蛋最佳的打發溫度建議是 43℃，因此，當操作全蛋式蛋糕時，建議隔水加熱的打發效果最好。隔水加熱的標準方法，是將盆子架在湯鍋上方，因此湯鍋的口徑要小於盆子底部的直徑。

▲隔水加熱操作。

🏆 使用溫度計

　　隔水加熱並非要將蛋液煮熟，因此為了避免煮過頭，建議使用溫度計測量。溫度計以電子式為佳，可以預約到達溫度的警示聲。如果沒有溫度計，該怎麼測量呢？首先，43℃比體溫還要高一點，不燙手，但是有溫熱的感覺，只是這個感覺會因為季節、室溫而有所不同，所以說起來並不是很準。另外，全蛋加溫以後表面張力會減弱，因此攪拌時會從一開始感覺有阻力，慢慢的阻力變小，這是比較容易辨別的方式。蛋液一旦到達這個溫度，就要立刻離火攪拌，不可繼續加熱。

▲推薦使用電子式溫度計。

🏆 使用桌上型或手提式電動攪拌器

　　因為全蛋打發的時間較長，如果使用手拿攪拌棒操作，絕對不輕鬆。

🏆 完成其他事項

　　在進行打發動作以前，烤箱預熱、材料秤量等事前準備工作都要完成。

▲桌上型攪拌器較省力。

III 打發的過程

　　提起攪拌器，觀察蛋液流下的程度，是否為畫線不消失的狀態？如果蛋液消失得很快，代表打發的程度還不夠；如果蛋液可以在表面畫出清楚的線條，而不會馬上消失，代表已經正確打發。以下將分成手提式、桌上型電動攪拌器說明打發方式！

▲蛋液可以在表面畫出清楚的線條而不消失。

開始打發囉！

◀ 詳細影片在這裡

手提式電動攪拌器

〈材料〉
蛋白 75 公克、蛋黃 70 公克、
細砂糖 82.5 公克

〈步驟〉

手握方式

開始攪打

1 握緊攪拌器，讓攪拌器主體的握把完全握在手掌中，雙肩自然下垂。

2 機器主體最重的部分，可以倚靠在物體上（比如碗的背面），比較省力。

3 將材料放入盆中，剛開始用高速打至粗粒泡沫狀。

確認打發狀態

4 當空氣慢慢打入，蛋液開始變濃稠、體積的量變多，改中速，並轉動盆子，順著同一個方向轉動，一手轉動盆子，另一手抓住攪拌器。

5 如果無法轉動盆子，則改成轉動攪拌器，順著同一個方向轉動，不可隨意更改方向。

6 攪拌至提起打蛋器，蛋液線條不消失的狀態。

小叮嚀 | Tips |

1. 此處是以直接攪拌法示範操作。

2. 選擇使用手提式電動攪拌器，建議蛋黃、蛋白的總重量控制在150～200公克之間，會比較好操作。

桌上型電動攪拌器

〈材料〉

蛋白 75 公克、蛋黃 70 公克、
細砂糖 82.5 公克

〈步驟〉

`開始攪打`

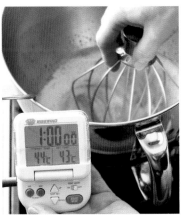

1 將材料倒入盆子。隔水加熱時，把機器上的網狀攪拌匙取下，當作攪拌的工具。

2 等到蛋液溫度達到預定溫度 42～44℃範圍時，盆子離火，攪拌匙裝回機器上固定，開始攪打。

3 一開始使用高速，當蛋液膨脹之後，改成中速。

`確認打發狀態`

4 慢慢的打至全發的狀態，即蛋液可以在表面畫出清楚的線條，而不會馬上消失。

小叮嚀 │ Tips │ 🥄

此處是以隔水加熱法示範操作。

最 | 基 | 本 | 、 | 實 | 用 | 的 | 蛋 | 糕 | 體 | ， | 新 | 手 | 入 | 門 | 必 | 學 | ！

海綿蛋糕
Sponge Cake

份量：8 吋圓形蛋糕 1 個

模型：非活動底的 8 吋圓模，周圍底部都不需抹油、撒粉，模型底部鋪一張烘焙紙。

保存：冷藏、冷凍皆可，放入夾鏈袋或是保鮮密封盒內，隔絕味道且避免水氣散失。降溫後的蛋糕橫向切薄片，每片蛋糕之間擺一張保鮮膜疊起，可用來製作慕斯蛋糕的襯片。

〈材料〉

（1）蛋白 150 公克、蛋黃 140 公克、細砂糖 165 公克、鹽 1 公克

（2）低筋麵粉 165 公克、無鋁泡打粉 2 公克、沙拉油 33 公克、奶水 33 公克

〈步驟〉

製作麵糊

① 將材料（1）混合放入盆子，隔水加熱，邊加熱邊用手拿著攪拌棒攪拌。

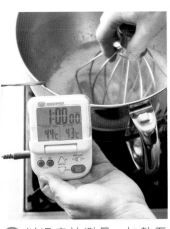

② 以溫度計測量，加熱至 43℃，離火。

③ 將沙拉油、奶水倒入耐熱杯，隔水加熱並保溫。

⑤ 粉類混合過篩，均勻的撒
在麵糊表面。

④ 用電動攪拌器中速，將蛋液攪拌至顏色
泛白、鬆發膨脹，最佳狀態是提起攪拌
器在麵糊上畫線，線條維持不消失的程
度。

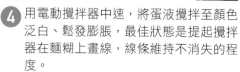

⑦ 先挖取少許麵糊，放入
另一個乾淨的盆子，慢
慢倒入溫熱的沙拉油。

⑥ 用網狀攪拌頭從底部擦底翻起拌勻，並一邊轉動盆子，
這個動作要「輕、快」，以免消泡，攪拌至麵糊光滑沒
有顆粒。

⑧ 用橡皮刮刀輕輕拌勻。

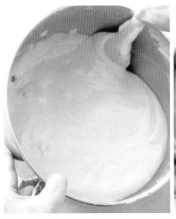

⑨ 將拌勻的步驟 ⑧ 倒回主要的攪拌盆中。

⑩ 用橡皮刮刀拌的時候記得要刮盆子內壁，以從底部刮起麵糊的方式拌勻。拌至提起刮刀，麵糊如緞帶般下垂為佳。

麵糊倒入模型

⑪ 將麵糊倒入準備好的模型中。

⑫ 雙手拿穩模型，往桌面輕敲數下，敲出麵糊中的空氣。

放入烤箱烘烤

⑬ 放入已經預熱好的烤箱，以上下火 200℃烘烤 20～25 分鐘。烤好後取出，立刻翻轉倒置在架子上倒扣待涼。

⑭ 當雙手觸摸模型完全降溫、沒有熱度時即可翻回正面，用手輕輕的將蛋糕的邊緣脫離模型；然後再次翻轉後即可讓蛋糕脫模。

小叮嚀 │ Tips │

過篩後的粉類可以分三次加入蛋液內混合，以免攪拌不均。

打發全蛋 糕點範例

87

|來|自|法|國|，|經|典|款|常|溫|小|點|心|

瑪德蓮
Madeleine

份量：約 20 個

保存：常溫保存約 5 ～ 7 天，冷凍保存約 4 個星期。降溫後的蛋糕放入單獨包裝的西點袋，以瞬熱式封口機封住開口為佳，再放入保鮮盒中保存，盒子內擺放脫氧劑會更好。夏天溫度過高時，建議直接冷凍保存。

〈材料〉

（1）全蛋 200 公克、細砂糖 180 公克

（2）低筋麵粉 200 公克、無鋁泡打粉 5 公克、香草精 1/2 小匙、蘭姆酒 2 小匙、無鹽奶油 200 公克、牛奶 50 公克

〈步驟〉

製作麵糊

1 無鹽奶油隔水加熱融化。

2 將融化奶油保溫備用。

③ 將全蛋、細砂糖混合，用手拿攪拌棒拌勻，確認蛋充分打散即可，不需打發。

④ 粉類混合過篩，加入蛋液中拌勻。

⑤ 接著加入香草精、蘭姆酒、融化奶油和牛奶，把麵糊攪拌出光滑狀。將麵糊蓋上保鮮膜，冷藏鬆弛1小時。

⑥ 將少許奶油隔水融化，然後用毛刷薄塗一層在模型上，因為瑪德蓮模型的表面有許多凹槽，要仔細塗抹均勻。

小叮嚀 | Tips

1. 所謂蛋液「充分打散」，就是感覺蛋白的韌性消失、沒有阻力，蛋液顏色變淡，舉起攪拌器卻無法將蛋液撈起的狀態。

2. 夏天溫度高，模型抹油撒粉後如果沒有立刻使用，可以先放入冰箱冷藏。

3. 冷藏後的麵糊，要回復室溫之後再入烤模。

7 透過細目篩網輕輕將高筋麵粉撒在模型上面，再將模型翻轉輕輕拍掉多餘的麵粉。

8 仔細檢查模型凹槽，若有沒被麵粉覆蓋的就再撒一次，直到都覆蓋到。

9 取出冷藏的麵糊略攪拌，放在工作檯上等待麵糊溫度恢復至接近室溫。麵糊舀入模型中八分滿，放入已經預熱好的烤箱，以200℃烘烤18～20分鐘。烤好之後取出，稍降溫後再脫模。

同場加映 | Plus |

瑪德蕾變化款

在p.88中介紹的瑪德蓮，是最經典且基本的口味。如果你想要嘗試其他風味，以下提供的抹茶、可可和伯爵茶風味的瑪德蓮，只要加入調味材料就能輕鬆完成，你一定要試試！

變化款 1 **抹茶風味瑪德蕾**

1. 在材料中多準備7公克抹茶粉。
2. 將抹茶粉在步驟❹中一起混合過篩加入。

變化款 2 **可可風味瑪德蕾**

1. 在材料中多準備15公克可可粉。
2. 將可可粉在步驟❹中一起混合過篩加入。

變化款 3 **伯爵茶風味瑪德蕾**

1. 在材料中多準備3公克伯爵茶葉，切碎。
2. 將伯爵茶葉碎加入步驟❺的麵糊中即可。

打發 / 乳酪

To Beat Cream Cheese&Mascarpone

I 認識乳酪

　　奶油乳酪（Cream Cheese）、瑪斯卡彭乳酪（Mascarpone）是烘焙糕點使用量最高的兩款乳酪。奶油乳酪和瑪斯卡彭乳酪都呈軟綿的質感，非常容易與材料混合拌勻，可以說幾乎不用特殊技巧，新手當然也能輕易成功。

　　市售的奶油乳酪都是進口產品，不論是從美國、日本、紐西蘭、澳洲或法國，產品品質迥異、價格差異也極大，建議烘焙新手先從普通等級的原料開始進行修煉即可。

　　奶油乳酪和瑪斯卡彭乳酪都屬於「生乳酪」，也就是沒有經過熟成、水分含量高的乳酪。這一類乳酪的保鮮期較短，離開脫氮包裝後即開始與空氣接觸，容易腐敗。購買大包裝的奶油乳酪最怕一次用不完而發霉，因此切開乳酪的刀子一定要無水、無油，最好先把刀子用火烤一下再切，可以達到殺菌的效果。

　　由於乳酪是乳脂類的食物，不論鈣質、蛋白質含量都很高，綿密的口感也非常明顯，因此大多與酸性食材搭配。因為酸可以解膩，柑橘類與檸檬等果汁就常常被運用在乳酪蛋糕中，兩者搭配的效果絕對讓味蕾、口感更完美。

▲奶油乳酪屬於水分含量高的生乳酪，建議不要一次購買大份量。

▲瑪斯卡彭乳酪是提拉米蘇的基本食材，讓糕點口感更綿密。

II 打發前的準備

🍸 退冰切塊
從冰箱取出奶油乳酪，放置室溫下退冰，退冰後的乳酪切小塊，放入盆子使回軟。

🍸 可直接使用
瑪斯卡彭乳酪從冰箱取出可以直接使用，不需退冰。

III 打發的過程

▲切小塊可使回軟的速度加快。

必須觀察乳酪乳化的狀態是否呈光滑柔順。如果麵糊出現沙粒狀，代表油水已經分離，不是成功的麵糊。原因可能是材料不新鮮，或者是配方不正確。有些乳酪的凝乳比較明顯，乳酪麵糊完成後必須過濾，但這與油水分離的狀態不同。

以下的操作是以奶油乳酪為範例，因為瑪斯卡彭乳酪比奶油乳酪更柔滑、易混合，所以操作瑪斯卡彭乳酪的麵糊時，僅需使用網狀攪拌器，至於選擇手動或電動器具，則視乳酪量多寡決定。

小叮嚀 | Tips | 🥄
1. 奶油乳酪一開始的質地較硬，與食材的融合性不佳，必須透過耐心攪打，因此在攪拌的過程中需要不時停機，刮盆子內壁，以免食材造成損耗。
2. 冬天時，建議用「隔水加熱」的方式加速軟化的速度。

▲光滑柔順的乳化狀態。

▲記得要不時刮盆子內壁，食材才不會耗損。

✏️ 開始打發囉！

◀ 詳細影片在這裡

手拿攪拌棒
（木匙和網狀均可）

〈材料〉奶油乳酪 250 公克、細砂糖 62.5 公克

〈步驟〉

手握方式或徒手　　　　　　　　　　　　　　　**開始攪打**

① 將木匙緊握在手掌中，像是要將馬鈴薯搗成泥的方式按壓。

② 除了用木匙，也可以戴上拋棄式手套，握緊拳頭，用指關節的前端用力把乳酪壓軟。

③ 如果配方中一開始就加入細砂糖，也同樣使用木匙或指關節將細砂糖壓入乳酪中。

⑤ 每次拌至光滑柔軟，再分次加入材料，然後再拌至光滑柔軟後再加材料。如果是加蛋，每次加入 1 個蛋就要拌，然後再加，直到乳酪麵糊變得光滑柔軟。

④ 混合均勻之後，視製作的糕點，即可分次加入材料。

手提式電動攪拌器

〈材料〉

奶油乳酪 250 公克、細砂糖 62.5 公克

〈步驟〉

手握方式

開始攪打

1 因為乳酪比較硬,剛開始可能需要兩手握緊攪拌器的主機。

2 等乳酪慢慢開始變軟之後,用一手扶著盆子,另一手提著攪拌器。

3 在盆子底下鋪一塊濕布以防滑動,不需順同一個方向攪拌,可以隨意更換攪拌方向。

4 攪拌過程中要停機,用橡皮刮刀把盆子內壁沒有攪拌到的材料刮下。視製作的糕點,分次加入材料,拌至光滑柔軟後再加材料。如果是加蛋,每次加入 1 個蛋就要拌,然後再加,直到乳酪麵糊變得光滑柔軟。

桌上型電動攪拌器

〈材料〉
奶油乳酪 250 公克、細砂糖 62.5 公克

〈步驟〉

開始攪打

1 以槳狀攪拌匙將乳酪打軟。

2 視製作的糕點，分次加入蛋等材料，攪拌的過程中需要停機，用橡皮刮刀將盆子內壁、盆底的乳酪刮下，然後再加入材料繼續攪拌。

3 將附著在攪拌匙上的乳酪刮下，直到麵糊變得非常均勻。

小叮嚀　Tips

1. 有時為了避免有未融結塊的麵糊，會使用「均質機」來輔助攪拌，這是在最後的階段使用均質機（Blender），這是一種手握式的果汁機。如果沒有均質機，只需將麵糊透過細目濾網過濾，一樣可以使麵糊細緻均勻。

2. 桌上型攪拌器通常附有三種攪拌匙，其中槳狀攪拌匙非常適合用來攪拌乳酪麵糊。因為乳酪麵糊只需要將乳酪打軟，即使加入雞蛋也沒有打發的動作，純粹只是攪拌，因此建議使用此款攪拌匙。

接｜受｜度｜最｜高｜、｜烘｜焙｜新｜手｜也｜能｜成｜功｜的｜基｜本｜款｜乳｜酪｜蛋｜糕｜！

乳酪蛋糕
Cheese Ckae

份量：18×5 ×7 公分長方形模 2 個
保存：放入密封保鮮盒冷藏 5 天

〈材料〉

（1）市售消化餅乾 8 ～ 10 片、融化奶油 50 公克
（2）奶油乳酪 500 公克、細砂糖 125 公克、全蛋 5 個、檸檬汁 35c.c.

〈步驟〉

製作蛋糕的餅乾底

製作麵糊

① 模型底部鋪一張鋁箔紙，餅乾敲碎成細碎狀，淋上融化奶油拌勻，鋪在模型底部，壓平。

② 以槳狀攪拌匙將乳酪和細砂糖打軟。

③ 加入蛋，一次一個，攪拌
的過程中需要停機，用橡
皮刮刀將盆子內壁、盆底
的乳酪刮下。

④ 將附著在攪拌匙上的乳酪刮下，直到麵糊
變得非常均勻，最後加入檸檬汁，拌勻。

麵糊入模，以水浴法烘烤

⑤ 將麵糊透過細目篩網過濾，然後
倒入模型中。

⑥ 模型放在有深度的烤盤上，烤盤內倒入溫
水，隔著溫水，以水浴法入烤箱烘烤。

⑦ 放入已經預熱好的烤箱，以上下火 150℃ 烘
烤 60 分鐘。中途需要將烤盤左右對調方向，
並且於烤盤中添加熱水，如果蛋糕表面金黃
上色，關掉上火，繼續烤。

⑧ 出爐後放置在網架上待涼，
完全降溫後脫模，冷藏後切
片食用。

提拉米蘇
Tiramisu

份量：600ml（約 4 ～ 5 人份）
保存：冷藏保存約 3 天，冷凍保存約 2 個星期。

〈材料〉

（1）市售手指餅乾 8 ～ 10 片、濃縮咖啡 100c.c.、卡魯哇咖啡酒 25c.c.

（2）蛋黃 2 個、細砂糖 60 公克、吉利丁片 5 公克

（3）瑪斯卡彭乳酪 250 公克、動物性鮮奶油（6 ～ 7 分發）150 公克

（4）防潮可可粉 35 公克、防潮糖粉 15 公克

〈步驟〉

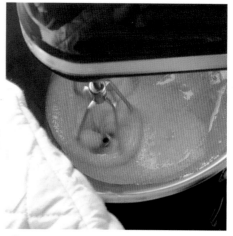

① 將蛋黃和細砂糖放入盆子，以隔水
加熱的方式加熱。

② 用網狀攪拌器把蛋黃稍微打散。

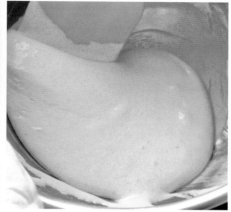

③ 用橡皮刮刀把盆子內壁沒有
攪拌到的材料仔細刮下。

④ 攪拌直到蛋黃鬆發膨脹，顏色變淡。

⑤ 吉利丁片浸泡在冷開水內軟
化，取出擠乾水分。

⑥ 將吉利丁片放入溫熱的蛋黃糊內，隔著熱水
攪拌使其融化。

完成乳酪麵糊

7 瑪斯卡彭乳酪放入盆子，然後用網狀攪拌器打至軟。

8 加入蛋黃糊中拌勻。

9 參照 p.20 ～ 21 打好鮮奶油（6 ～ 7 分發）後加入，拌勻成乳酪麵糊。

組合手指餅乾和麵糊

10 將濃縮咖啡和卡魯哇酒混合。將一半量的手指餅乾放入模型，用毛刷將一半量的咖啡酒刷在餅乾上。

11 倒入一半量的乳酪麵糊，稍微抹平。

12 再排入剩餘的手指餅乾，刷上剩餘的咖啡酒。

冷凍、撒粉

13 再倒入剩餘的麵糊。

14 將乳酪麵糊的表面整平，整個容器放入冰箱冷凍凝結。

15 取出凝固的提拉米蘇，放置冷藏降溫。食用前取出，表面撒上可可粉和糖粉，切片或直接挖取品嚐都很美味。

索引 Index （以首字英文字母排序）

喜歡哪一款糕點？想先學哪一種醬汁？
以下索引幫助你快速找到做法！

COOK50 系列　基礎廚藝教室

TASTER 系列 吃吃看流行飲品

QUICK 系列 快手廚房

COOK50225

打發，基礎的基礎
新手操作影音重點提醒版

零基礎烘焙的第一堂課：
鮮奶油、奶油、雞蛋、乳酪基本技法與糕點

作者｜王安琪

攝影＆影片｜林宗億

美術完稿｜See_U Design、許維玲

編輯｜彭文怡

校對｜連玉瑩

企畫統籌｜李橘

總編輯｜莫少閒

出版者｜朱雀文化事業有限公司

地址｜台北市基隆路二段13-1號3樓

電話｜02-2345-3868

傳真｜02-2345-3828

e-mail｜redbook@ms26.hinet.net

網址｜http://redbook.com.tw

總經銷｜大和書報圖書股份有限公司 （02）8990-2588

ISBN｜978-626-7064-31-3

初版一刷｜2022.10

定價｜350元

出版登記｜北市業字第1403號

全書圖文未經同意不得轉載

本書如有缺頁、破損、裝訂錯誤，請寄回本公司更換

●感謝特家股份有限公司提供機器拍攝●

國家圖書館出版品
預行編目資料

打發，基礎的基礎 新手操作影音重點
提醒版：零基礎烘焙的第一堂課：鮮
奶油、奶油、雞蛋、乳酪基本技法與
糕點／王安琪著初版.
台北市：朱雀文化，2022.10
面；公分（Cook50：225）
ISBN 978-626-7064-31-3（平裝）
1.食譜 2.中國
427.1

出版登記北市業字第1403號
全書圖文未經同意，不得轉載和翻印

About買書：

●實體書店：北中南各書店及誠品、金石堂、何嘉仁等連鎖書店均有販售。建議直接以書名或作者名，請書店店員幫忙尋找書籍及訂購。

●●網路購書：至朱雀文化網站、朱雀蝦皮購書可享85折起優惠，博客來、讀冊、PCHOME、